别输在抱怨上

抱怨是『毒药』，影响他人摧毁自己

陈顺军——著

国家一级出版社 中国纺织出版社 全国百佳图书出版单位

内 容 提 要

人生不如意事十之八九，哪怕你每天都在抱怨，你的生活就会因此而美好吗？对那些不能改变的事实，与其抱怨，不如换个角度，换个心境，努力改变自己，重新去接纳这个美好的世界。

本书详细阐述了为什么抱怨以及不再抱怨的秘诀，告诉人们遇到困难和挫折之后不要怨天尤人、怨声载道，而要多反思自己，怀着感恩的心态，换个角度看问题，世界将会很不一样。

图书在版编目（CIP）数据

别输在抱怨上 / 陈顺军著.--北京：中国纺织出版社，2018.6 （2024.4重印）
ISBN 978-7-5180-4970-7

Ⅰ.①别… Ⅱ.①陈… Ⅲ.①人生哲学—通俗读物 Ⅳ.①B821-49

中国版本图书馆CIP数据核字（2018）第093430号

责任编辑：闫 星 特约编辑：李 杨 责任印制：储志伟

中国纺织出版社出版发行
地址：北京市朝阳区百子湾东里A407号楼 邮政编码：100124
销售电话：010—67004422 传真：010—87155801
http：//www.c-textilep.com
E-mail：faxing@c-textilep.com
中国纺织出版社天猫旗舰店
官方微博http：//weibo.com/2119887771
北京兰星球彩色印刷有限公司印刷 各地新华书店经销
2018年6月第1版 2024年4月第3次印刷
开本：710×1000 1/16 印张：14
字数：205千字 定价：65.00元

前言 Preface

生活中，不少人都是逢人抱怨的祥林嫂，或许其中就有我们自己。人生不如意事十之八九，这个世界不可能处处让每个人都满意。于是，那些不懂得改变心态、改变自己的人便开始抱怨，他们想把怨气说给别人听，想让别人知道自己有多难过、多痛苦，更希望得到理解，得到来自别人的安慰。

尽管抱怨的原因多有不同，但抱怨的事情大多是一样的。有的人抱怨生活不如意，有的人抱怨事业不顺心，有的人抱怨孩子成绩不好，有的人抱怨婚姻不幸福。人们抱怨的无非就是这几种情况，在他们看来，好像全世界都欠他们的。

但是，认真回想：抱怨之后，自己又得到了什么呢？或许，我们得到的，只是发泄之后的沮丧和无奈，而生活没有任何的改变。甚至，在抱怨的过程中，将烦心事重复诉说，只会让心情变得更加烦躁，原本焦虑的心境没有得到丝毫的改变，只会越来越阴郁。

一个习惯抱怨的人，缺乏自信，他总奢望命运能还自己一个“公道”，幸福唾手可得，自己能比别人更快乐，且不用付出艰辛就有所获得；或是哪怕付出一点点，也希望得到丰厚的回馈。那些每天都在抱怨的

人，内心永不知足，即便拥有了整个世界，他们也不会感到满足，依然会抱怨，总觉得这不公平，自己应该拥有更好的生活。

抱怨是一种病态心理，讨厌自己不喜欢的，嫉妒自己无法获得的，这是一种异于常人的思想怪圈。于抱怨者而言，经常用不公平这个借口来麻醉自己，以遮掩内心的阴暗面。当一个人在抱怨生活有多么不堪的时候，只能说他的内心是多么脆弱；抱怨别人的不好，只能证明自己不懂感恩。对有些人而言，抱怨不是目的，他的只是想在人前证明自己的价值，或者引起别人的注意。

抱怨如同口臭，自己不觉得，别人却非常讨厌。生活中，每个人都有不如意的事情，有自己的不满意，当然，也有自己的事情。所以，谁又愿意听你的一番牢骚之词呢？毕竟听人抱怨自己也会变得不开心。习惯抱怨的人，别总以为对方就是为了供你发泄坏情绪而存在的，他们也有自己需要做的事情。可以说，抱怨只会让身边的人越来越远离你，因为在他们看来，与你相处是毫无意义的。

抱怨，根本解决不了任何问题。无尽的抱怨，只会禁锢自己向往美好世界的心。所以，别让自己的人生输在抱怨上。

编著者

2018年3月

第1章

抱怨没用，却忍不住发牢骚

人们似乎总是忍不住抱怨，不管是学习、生活还是工作中，遇到烦恼的事情总想找个人一吐为快。尽管谁都知道抱怨没有用，但仍忍不住发牢骚。那么，抱怨的本质到底是什么呢？

心积怨气容易成抑郁症

在现实生活中，许多人有情绪时闷声不响，不想发泄怨愤情绪，总是爱生怨气。虽然这样的人不轻易生气，但也不是真正的勇士。心积怨气是一个很不好的习惯，这是自己和自己过不去。那些真正的勇者，他们在有情绪时懂得自我调节、自我解脱，遇到烦闷的事选择不想它或驱赶它；而喜欢心积怨气的人则不是这样，他们常常把那些毫无理由的怨恨留在自己的心里，深陷其中而无法自拔，这不等于是自我折磨吗?

王女士在一家外企公司工作，经过几年的打拼，她现在担任了公司的重要职务。前不久公司部门来了一位年轻的同事小娜，小娜浑身洋溢着活力和干劲，并在很短的时间内就得到了公司上下的肯定。王女士逐渐感觉到小娜的到来对自己造成了严重威胁，老板总是有意无意地在王女士面前提到小娜的能力，这让王女士的心情一度十分低落，同时，还憋着一肚子闷气。在这样的情绪状态下，王女士整天不能全身心工作，有时候，由于心里焦虑过度，还会在工作中犯些小错误。

或许，是因为工作上的不顺心，没想到，自己的身体状况也出现了问题。在最近的一段时间里，王女士总感觉自己的右侧乳房胀痛，前两天用手一摸还有肿块。在医院，医生为王女士作了相关检查，经过检查得知，原来她患了乳腺小叶增生。王女士感到十分苦闷，那些不顺心的事情总是

找上门。无奈之下，王女士向主治医生倾诉了自己的烦恼，没想到，医生只是奉劝一句："首先，你莫要生闷气，这样对你的健康才会有帮助。"

王女士百思不得其解，这病怎么会跟生气有关呢？医生对此作了详细解释："其实，引起这种疾病的原因很多，但主要与内分泌失调或精神情绪有密切关系，其中，一个重要的因素是情绪不稳定、精神紧张、喜欢生闷气。当你的情绪总是处于怒、愁、忧等不良情绪状态时，就会导致乳腺小叶增生。"王女士明白了，向医生询问："那我该怎么办呢？"医生建议："保持心情舒畅、乐观是最好的办法。你要学会自我调节、缓解心理压力，消除各种不良情绪，要学会宣泄，不要将闷气郁积在心里，可以向家人、朋友倾诉，以排解心理压力。"

有时候，我们根本没有想过身体的疾病会跟心中的怨气有关，事实上，郁积在心中的怨气常常会成为我们身体疾病的根源。一位喜欢生气的人这样说："我感觉很孤单，很堕落，心中像压了一大块沉重的石头，压得我快喘不过气来，我不知道什么时候才能将这块石头熔化，它憋在我心里，憋得我快要疯了。"

现代社会竞争激烈，工作和生活压力都非常大，这不仅影响家庭关系、同事关系、朋友关系，如果自己不能妥善处理这样一些矛盾，那些心中的怨气还会影响正常的生活和工作。

张太太曾受过刺激，性格比较内向，不爱发脾气，什么事情都愿意忍耐。即使与家人发生了矛盾，她也一声不吭，总是一个人默默承受。但是，张太太如此坚强的意志不仅没有帮自己渡过难关，反而使自己身体上的疾病越来越多，刚开始是右腹出现不适，随后就出现了失眠、消化不良等一系列症状。其实，许多人长期面对压力，找不到"泄洪"的出口，只能自己生闷气，结果就闷出病来。对此，心理专家建议，如果性格内向的人出现了心理问题，需要及时找心理医生治疗心病，否则一些身心疾病就会不请自来。

憋在心里的气，就像一朵要盛开的花，却在还是花苞时被活生生地摘下。在生活中，如果有什么事情总是一个人憋在心里，不愿意去说，也不愿意去闹，把不愉快的事情藏在心里，越积越多，最后，就只能等待其爆发的那一天。

1.怨气症结

何谓怨气？它是由于心中郁闷而憋在心里的气，是一种无奈、没办法的表现。古人曰：“百病之生于气也。”常言道“怒伤肝，忧伤肺”，那些郁积在心中的不愉快情绪使内脏活动紊乱、内分泌系统失常，胃口不佳、消化不良，长时间的烦闷还会导致血压升高，甚至引起冠心病。

2.怨气对人的身心有害

从心理学上说，怨气是一种不愉快的情感体验，它是一种消极的甚至会破坏正常生活的情绪反应。一个人若是情绪恶劣，其记忆力将会减退，思维能力也大受影响，同时，喜欢生怨气还会影响到一个人的正常人际交往。试想，一个人总是闷闷不乐，怎么会交到朋友呢？

3.性格内向的人容易憋气

其实，有怨气，并不是由于生活中遇到不幸事件、不如意事情，更多时候是人的主观内在因素的弱点造成的。我们会发现，那些性格内向的人往往爱心积怨气，他们在遇到不顺心的事情时不愿意去诉说、发泄，使那些不愉快的情绪郁积在心中，常常感觉到苦闷、焦虑。事实上，怨气的症结在于内心的不快没能得到及时的发泄，因此，要学会善待自己，合理调整自己的情绪，千万不要“气在心底口难开”。

有人说：“心中藏了太多事情的人，总是痛苦的。”我们通常所说的那些脾气太好的人，可能都会憋出病来。可是，当有一天，自己快憋死了，会有人来可怜你吗？善待自己，调整情绪，将心中的怨气发泄出来，这样，我们才有可能回归正常的生活。

你每天都在抱怨吗

抱怨几乎每一天都在生活中上演着，“每天都有做不完的工作，我的心好焦虑”“领导简直是奇葩，半夜三更跟我说工作，到底要不要人睡觉啊”“那位同事总是麻烦我做这做那，自己闲着没事就偷懒看电影，结果事情我做了，功劳她得，凭什么”“中午点的餐太难吃了，天哪，怎么会有这么难吃的饭”……

忙碌的工作，生活的压力，压得当代人快喘不过气来，焦虑压抑的情绪就像一根看不见的麻绳，关于爱人、关于同事、关于领导，人们几乎每一天都在抱怨，好像人生除了抱怨再也没有其他。若不停抱怨，负面情绪将会彻底席卷身心，让整个人变得烦躁、焦虑、自卑，更加讨厌自己目前的生活，假如继续发展下去，肯定会形成一个无休止的恶性循环。

俗话说：“人生不如意事十之八九。”生活中，其实每个人的生活、工作都不是一帆风顺的，当你在抱怨别人的时候，是否反思过导致这些结果的原因在于自己呢？或许，你抱怨升职加薪难，不过是因为你工作没做

到位；抱怨工作困难，是因为你没有勇气去挑战，遇到挫折没有自信；抱怨没有人照顾你，是因为你只会躲在角落里哭泣；抱怨自己得到的东西太少，是因为自己没有为自己想要的东西努力过。

生活中，谁不是面对社会、工作各方面交织的压力，谁不是满腹牢骚，但是，发牢骚又能解决什么问题呢？可能你今天还满口埋怨，但明天就想不起之前让自己压抑怨气甚至失去理智的原因是什么了。抱怨只是图一时口头畅快，始终无法解决问题，也没办法调节身心状态。既然这样，当我们想要抱怨的时候，为何不先让自己安静三分钟，思考一下如何解决问题呢？说不定你明天就会觉得现在的抱怨是如此幼稚好笑。

尽管人们知道抱怨无法解决问题，但依然忍不住抱怨。那些抱怨，就好像空气一样围绕在人们身边。我们每天都能听到抱怨的声音，不是工作太多，就是为什么自己长得不漂亮，为什么自己不如同事升职快，为什么上天这么不公平……抱怨之后，除了不断羡慕嫉妒恨，就是自怨自艾。

人为什么会抱怨？因为心中怀有不满，责怪别人。人们总是把生活中不如意的事情当作别人的责任，实际上不过是为自己摆脱责任，或者是为了寻求别人的同情，所以抱怨的人总是一副不负责任、内心懦弱的模样。比如，当一个人遭到误会，或者别人的行为让自己不满意，这时他就会选择抱怨，由于讨厌对方的失误，便以抱怨来发泄心中的不满。他们习惯于抱怨，根本就不去思考如何解决问题的办法，有的人甚至觉得这个环境没办法改变，就这样吧。

抱怨之后，问题依然存在，生活依旧，周围的环境依然如此，于是人们又将继续抱怨，就这样反复下去。喜欢抱怨的人，从未想过改变世界，改变环境，却又不愿意接受现实，于是抱怨、抱怨、再抱怨。抱怨的结果不会是这个世界改变了，或者说事情得到了解决，而是你依然沉浸在反复

不止的抱怨之中。

抱怨是可怕的，但人们依然熟视无睹，而且会相互传染。很多人总爱抱怨“工作太难”“客户总是太挑剔”，似乎他们抱怨完了，这些事情就会朝着好的方向发展。而当另外的人听到这样的话时，也总是呼应“对啊”“对啊，我的工作也很难做啊”“没人理解我，没人配合我”。就这样，抱怨就好像口臭一样，听到别人说出来时，自己会注意，但是当自己说出口的时候，却不觉得。

抱怨不会让一个人沮丧的心情得到解脱，因为抱怨者总是在强调：事情发展成这样不是我的责任，本来就是某某的错。抱怨之后，事情依然没有得到解决。而抱怨本身根本没有给我们带来什么益处，反而会加剧糟糕心情的延续。因为你总是抱怨，身边的人根本不会喜欢跟你待在一起，因为你带来的只有压抑的氛围。如果由于你的抱怨，别人也变得习惯抱怨，那一起抱怨只会导致互相推诿、缺乏团结和积极性，在做事方面根本不可能有好的创造力。

对于习惯抱怨的人而言，如何正确看待抱怨这件事呢？

1.你为什么抱怨

当你在开始抱怨的时候，不妨找出抱怨的原因，从而改变自己。一旦想要抱怨什么事情，别着急满腹牢骚，不妨先冷静思考一下，想想这件事发生的整个过程，懂得反省自己，找到问题的原因。假如是因为自己懒惰了，工作方面不够认真，就需要寻找自身的缺点，改进工作态度，改变工作方法，而不是一味地抱怨别人。

2.少抱怨多动手

当想要抱怨的时候，不妨三缄其口，化抱怨为行动。不要让自己养成抱怨的习惯，学会安静，更别让抱怨成为心理疾病。在生活和工作中，

总会出现一些不顺利或不公平的事情，遭遇困难或挫折时，也不要怨天尤人，而是应该积极想办法解决。毕竟，在困难与挫折面前，你会更清楚地看到自己的不足之处。怨天尤人、只会抱怨是毫无意义的，与其让抱怨浪费宝贵的时间，不如在努力中改变自己，让自己变得更优秀。

3.换位思考，对他人多些理解

有时候，你习惯指责对方的错误，习惯把责任推到对方身上。其实是因为你根本没有站在对方的角度思考问题，所以才会以一个无所谓的旁观者态度去指责、抱怨。你只懂得抱怨对方粗心大意，却忘了是自己算错了账。如果在人与人之间的相处过程中，多一些理解，少一些指责和抱怨，那关系将更加和谐。

人生漫长而匆匆，别让抱怨占据了全部的生命。生活不在于你有一副好牌，而在于你如何把手上的这副烂牌打好。你是否每天都在抱怨呢？如果你有抱怨的习惯，不妨在抱怨前仔细想一想，放好心态，换个角度思考问题，或许你会有不一样的收获。

别总是抱怨上天对你不公平

比尔·盖茨说：“社会是不公平的，我们要试着接受它。”在这个世界没有绝对的公平，假如真的绝对公平了，反而会是另外一种不公平。一个人从呱呱坠地开始，就面临着很多的不公平，有可能是出生背景不同、

家庭关系不同、受教育程度不同，这些对我们而言都是一种不公平。面对这样的情况，如果我们处处较真，抱怨上天对我们的不公平，那只会让自己陷入一个痛苦的怪圈。更有甚者，最让我们感到心理不平衡的，就是从前跟我们在一个水平线上的人突然之间变得不一样了，一起工作他却升职加薪了，一起做生意他却发财了。别人做事情总是处处顺利，而自己则是处处碰壁。我们为了生存，不得不努力地挣扎着，以争取属于自己的那片天地，但在很多时候，我们努力后，并没有得到期望的结果。这时不要较真，不要哭泣，也不要怨天尤人，我们需要平静地面对这个世界，因为这个世界上没有绝对的公平，我们只求心灵平衡。

一个人活着，他就注定了有机遇、有坎坷、有欢乐、有痛苦，即便我们付出了所有的精力和心血，也不会换来公平的待遇。在生活中，有的东西既然别人得到了，我们就不要再去争，这样只会徒劳无益；假如自己得到了，那就好好珍惜，别人也无法轻易剥夺你的所有。在这个世界上，从来都是一份耕耘，一份收获，有所失才会有所得，只有有了对生活、对工作的付出，才有可能得到期望的回报。

在生活中，我们经常也会遇到这样的事情：本来彼此之间合作得很好，但双方都在计较公平分配，结果，已经到手的利益成了竹篮打水一场空，谁也没拿到好处。经常会有这样一些人，在事情还没办成时，就为了计较彼此之间的公平而在分配上争吵，而争吵的结果就是所办的事情不了了之。其实，在许多小事上，绝不能拘泥于绝对的公平，因为绝对的公平是不存在的。重要的是，我们要善于从长远利益出发，所谓小不忍则乱大谋，切忌处处较真、斤斤计较。

虽然，社会提倡伸张正义、主持公道。那些政治家们在每一篇竞选演讲中也会慷慨陈词：“让每一个人都得到平等与公平的待遇。”但是，

日复一日、年复一年，一个世纪过去了，我们依旧无法真正地消除世界上那些不公平的现象。实际上，人类有史以来，这些现象就从没有消失过，贫困、战争、瘟疫、犯罪、卖淫、吸毒和谋杀等各种社会弊病一代代延续着，某些地区还会愈演愈烈。我们应该明白，这些不公平现象的存在是必然的，当我们无法改变这一切的时候，我们可以努力改变自己，不让自己陷入一种惰性，并用自己的智慧去努力争取。

1.别抱怨不公平

在生活与工作中，经常可以听到有人这样发泄："这简直太不公平了！"当我们感到某件事不公平的时候，必然会把自己同另外一个人或另外一群人进行比较，我们会想：他比我得到的多，这很不公平。你越是这样较真，你就越是觉得自己是最委屈的。

2.只求心灵的平衡

凡事只要无悔地付出即可，至于结果怎么样，不要太在意，我们只求自己心灵的平衡。付出过，努力过，拼搏过，那就无怨无悔。对于生活中的许多事情，不要太去计较不公平的待遇，只求得内心的安慰就可以了，这样我们才无愧于心。

在生活中，有的人比较幸运，他可以利用身边可利用的一切资源，很快地过上令人羡慕的生活；而那些一无所有的人，需要认清生活中存在的不公平，把自己的劣势变成自己努力奋斗的动力，发挥自己的长处，寻找机会，坚持自己想干的事情，这样才可以扭转我们所认为的不公平。

习得性无助，绝望击垮意志

通常情况下，人们捕捉到的是小象，他们把小象养在木桩制成的范围内。小象小时候曾想过逃跑，但是，那时候它们力气还小，无论如何用力都对付不了木桩。时间久了，在小象内心深处就树立了一个牢固的信念：眼前的木桩是不可能被扳倒的。即使小象长大成为大象，它已经有足够的力量去扳倒一棵大树，但仍对圈禁它的木桩无能为力，这是一个奇怪的现象。其实，这种现象就是“赛里格曼效应”，通常是指动物或人在经历某种学习后，在情感、认知和行为上表现出消极的特殊心理状态。一旦沾染上“习得性无助”，人们就会在内心给自己筑起一道永远的墙，他们坚信自己无能为力，放弃任何努力，最后导致失败。

美国心理学会主席塞利格曼曾做过这样一个实验：把狗关在笼子里，只要蜂音器一响，就给狗较强的电击，狗关在笼子里逃避不了电击。多次实验之后，蜂音器一响，在电击前，先把笼门打开，这时狗不但不逃，反而不等电击就先倒在地上开始呻吟和颤抖，本来可以主动地逃避，它却绝望地等待痛苦的来临。塞利格曼把这种现象称为“习得性无助”，那么，人身上是否也存在着这一特性呢?

不久之后，塞利格曼进行了另外一个实验：他将学生分为三组，让第一组学生听一种噪声，这组学生无论如何也不能使噪声停止；第二组学生也听这种噪声，不过他们可以通过努力使噪声停止；第三组是对照，不给受试者听噪声。当受试者在各自的条件下进行一阶段的的实验之后，又让他们进行了另一种实验。实验装置是一个“手指穿梭箱”，当受试者把手指放在穿梭箱的一侧就会听到强烈的噪声，但放在另一侧就听不到噪声。实验表明，能通过努力使噪声停止的受试者以及对照组会在“穿梭箱”

实验中把手指移到另外一边；但那些不能使噪声停止的人仍然停留在远处，任由噪声响下去。这一系列实验表明“习得性无助”也会发生在人的身上。

习惯是一种自然，人们不自觉地沾染上习得性无助，就会有一种“破罐子破碎”“得过且过”的心态，而且，这种消极心态有可能会感染给他人。有的员工在向客户打电话的时候，电话还没有接通就开始说：“你们没有这个计划啊？那好，再见。”他的脸上没有失望的表情，似乎已经习以为常，即使上司告诉他“这个单子你去跟一下”，他也会无奈地表示：“跟了也没用，他们没兴趣的。”这些都是生活中典型的“习得性无助”，也许他们就是我们的一个缩影。

有一天，心理学教授罗伯特先生接到了一个高中女孩的电话，在电话里，女孩子带着沮丧的口吻重复着：“我真的什么都不行！”罗伯特教授感觉到她的痛苦与压抑，便亲切地询问：“是这样吗？”女孩好像对自己特别失望：“是的，我和同学的关系不好，大家都不喜欢我，我的学习成绩一般，老师也不正眼瞧我，妈妈把所有的希望寄托在我身上，但我无法满足她的愿望，我喜欢的男孩也不再喜欢我了，我已经感觉不到生活里的阳光了……”罗伯特教授追问：“那你为什么要打这个电话？”女孩继续说：“不知道，也许是想找个人说说话吧！”经过了一番交谈，罗伯特教授明白了女孩的问题——习得性无助，却又缺乏鼓励。假如一个人长时间在挫折里得不到鼓励与肯定，那真的会逐渐养成自我否定的习惯。

接着，罗伯特教授说：“我觉得你有很多优点，有上进心、是个懂事的孩子、说话声音很好听、很有礼貌、语言表达能力强、做事情认真、能够与人沟通……你看看，我们才聊了一会儿，我就发现你有这么多的优点，你怎么能说自己什么都不行呢？”女孩惊讶地问：“这能算优点吗？

没有人这样说过呀？”罗伯特教授回答说：“从今天开始，请把你的优点写下来，至少要写满10条，然后，每天大声念几遍，你的自信心会慢慢回来，要是发现了有新的优点，别忘了一定要加上去啊！”

罗伯特教授这样告诉他的学生：“在我们的身边，可能也有许多人像这个女孩一样，在经历过挫折之后就觉得自己什么都不行，但是，我希望你们今后彻底打消这种念头，无论什么时候，在做任何事情之前，都不要急于否定自己。”

人们常常在经历了一两次挫折之后，就好像失去了挫折免疫能力，他们对失败的恐惧远远大于对成功的渴望。由于怀疑自己的能力，他们经常体验到强烈的焦虑，身心健康也受到影响。

1.经常说自己不行，最后真的不行

经常把“我不行”“我不能”挂在嘴边，这是一种愚蠢的做法。因为心理暗示的作用是巨大的。一旦自己经受某个挫折就断然给自己下结论“不行”，实际上是给自己一个消极的心理暗示，时间长了，你真的会习惯性地说“我不行”。

2.可怕的不是环境，而是面对失败的态度

多次失败之后，人们成功的欲望就减弱了，甚至会因习惯失败而不采取任何措施。其实可怕的不是环境，不是失败本身，而是这种无能的感觉，是我们面对失败的态度！当习惯成了自然，习得性无助就会粉墨登场——破罐子破摔，得过且过，从而成为侵蚀组织躯体的蛀虫。

习得性无助的人认定自己永远是一个失败者，无论怎样努力都无济于

事，即使面对他人的意见和建议，他们也还是以消极的心态面对生活。对这样的心态，我们应该尽量避免，正确评价自我，增强自信心，让心坚强起来，摆脱无助的境地。

是抱怨还是愉快地接受

马克·吐温说："世界上最奇怪的事情是，小小的烦恼，只要一开头，就会渐渐地变成比原来厉害无数倍的烦恼。"对于那些习惯抱怨的人来说，就恰似心中长了一颗毒瘤，哪怕是生活中一点小小的烦恼，对他来说都是一种痛苦的煎熬。每天增加一点点不愉快，毒瘤在消极情绪的养分下不停地生长，直到有一天，毒瘤化脓，开始散发出阵阵恶臭，而他已经被怨气所吞噬了。抱怨是一种比较普遍的现象，面对生活中诸多的不如意，每个人有可能都要抱怨一下，然而，许多人尚未意识到抱怨的危害性。

有的人甚至认为，抱怨也没什么大不了的，又不是抑郁症。可是，据心理学家观察，长时间抱怨，会让一个人感到失望，丧失其心智，长期生活中在阴影里，自己也变得气郁沉沉。所以，要学会远离抱怨，调整自己的情绪，走出情绪的阴霾，做一个愉快接受现实的人。

有两个人，一个叫乐观，一个叫悲观，两人一起洗手。刚开始的时候，端来了一盆清水，两个人都洗了手，但洗过之后水还是干净的。悲观说："水还是这么干净，怎么手上的脏物都洗不掉啊？"乐观却说："水还是这么干净，原来我手一点都不脏啊！"几天过去了，两个人又一起洗手，洗完了发现盘里的清水变脏了。悲观说："水变得这么脏啊，我手怎

么这么脏？”乐观却说：“水变得这么脏啊，瞧，我把手上的脏东西全部洗掉了！”同样的结果，不同的心态，就会有不同的感受。

拥有悲观心境的人，他只是一味地抱怨，他所看到的总是事情的灰暗面，哪怕是到了春天，他所能看到的依然是折断了的残枝，或者是墙角的垃圾；拥有乐观心境的人，他懂得感恩，在他的眼里到处都是春天。悲观的心境，只会让自己气郁沉沉；乐观的心态，会让自己感受到阳光般的快乐。

可能谁也没有想到过，美国最著名的总统之一——林肯竟然曾是抑郁症患者。林肯在患抑郁症期间，曾说过这样一段感人肺腑的话：“现在我成了世界上最可怜的人，如果我个人的感觉能平均分配到世界上每个家庭中，那么，这个世界将不再会有一张笑脸。我不知道自己能否好起来，我现在这样真是很无奈，对我来说，或者死去，或者好起来，别无他路。”幸运的是，最后，林肯战胜了抑郁症，成功地当选了美国总统。

1.确立正确的人生观

如果你希望消除内心的怨气，那首先要建立自己正确的人生观、价值观，树立远大的梦想。在追逐梦想的过程中，做一些对社会有利的事情，因为你在帮助别人的同时自己也会感到快乐。

2.树立人生目标

美国精神教父爱默生说：“一心向着自己目标前进的人，整个世界都会为你让路。”如果漫无目的，那每天很容易沉浸在怨气里。所以，给自己定一个目标，想尽一切办法去接近并完成，这样就可以给自己的人生指明一个方向。

3.转移注意力

当自己遇到挫折感到悲伤、烦恼，整个人的情绪处于低谷的时候，暂且别管眼前的事情，可以将注意力转移到自己感兴趣的活动和事情上，或者回忆自己得意、幸福、快乐的事情，以此来冲淡或忘却烦恼，在这个过程中将消极情绪转化为积极情绪。

事实上，抱怨给我们生活所造成的影响是巨大的，一个习惯抱怨的人，无论是生活还是工作，他都没有办法获得成功，甚至，怨气还会有意或无意地成为其成功路上的绊脚石。对于每一个人来说，抱怨的心境就像是飘浮在天空中的乌云，它遮住了生活的阳光，长时间下去，我们自己也会变得气郁沉沉。所以，远离抱怨，愉快地接受现实吧。

别再抱怨了，因为根本没用

抱怨，是一个人对生活中诸多不满意的痛苦表达，然而，在抱怨的同时，更容易滋生消极情绪。对一件事情，越是抱怨，你会发现所有的事情越是负面的，抱怨所带给你的是更大的痛苦和不满。总是抱怨，时间长了就会形成习惯而无法自拔，自己却浑然不觉。人们往往希望通过抱怨来博得别人的关注与同情，却又总是将自己置于痛苦的心境之中。

生活中，许多喜欢抱怨的人并没有意识到自己的这个问题，他们完全没有意识到自己在抱怨，当然，他们更没有意识到抱怨的严重性。同样是装着水的杯子，喜欢抱怨的说水太少了，而心态好的人却会说里面有一半水。

王娟在一家公司做业务员，她平时工作积极性不高，却每天都在抱怨。

在办公室，大家几乎每天都能听见她的抱怨，“公司人际关系太复杂了，这水太深了，你看那领导的小秘美妮这么快就升职加薪了，还不是靠她老爸这个后台，我呢，只有在这个平凡的岗位上孤老终死了”“胡总怎么这样讨厌啊，总是故意挑剔，找我的麻烦，我工作那么努力，哪里碍着他的眼了”“工作太枯燥无聊，工资又少得可怜，这样下去我还怎么生活啊”“我好羡慕朋友在银行上班，工作有意义，工资又高，生活过得好丰富，我只有烂在这家公司了”……不仅如此，平时她还喜欢把同事的功劳说成是自己的，拿去向领导邀功。

王娟愤世嫉俗，好像觉得所有人都欠自己的，每天都在向同事们传递负面情绪。终于有一天，同事打断她的话：“那你辞职呗，既然公司这么糟糕，你为什么还愿意待在这里？”王娟愣了一下，怯懦地说：“我担心离开这里找不到其他工作。”

没想到没过多久，王娟被公司炒了鱿鱼。领导当时说：“真不知道她一天有什么可抱怨的，关键是这种情绪直接影响其他同事的工作，既然觉得这也不行那也不行，那干吗来上班啊？”

王娟每天都在抱怨，却担心自己找不到其他工作。假如她足够努力，学会改变现实，不抱怨，还用担心找不到更好的工作吗？既然选择了一份工作，就应该努力做好，别抱怨，只有这样，我们才能够配得上自己的野心。有多少人，每天都在抱怨领导、同事、工作，但就是不辞职，那是因为习惯抱怨的他们实在无处可去。

真正有能人的强者从来不抱怨，他们在哪里都能找到合适的工作。因为有真本事，所以有选择的权利，而不必在一个地方混日子等老，一边心

怀不满一边抱怨。当你想抱怨的时候，不妨先学会改变自己，而不要总是抱怨身边的一切有多么糟糕，这样你才会越来越好。

世界超级小提琴家帕格尼尼可以说是一位善于用苦难的琴弦将天才演奏到极致的奇人。帕格尼尼的人生是充满苦难的：在他4岁时，一场麻疹和强直性昏厥症，差点要了他的命；7岁时，他又患上了严重的肺炎，不得不进行放血治疗；46岁时，他的牙床突然长满脓疮，只好拔掉几乎所有的牙齿；牙病刚刚好，他又染了上可怕的眼疾，幼小的儿子成了他手中的拐杖；年过半百后，关节炎、肠胃炎等多种疾病又时刻吞噬着他的肌体；后来，他的声带也坏掉了，只能靠儿子按口型翻译他的思想；57岁时，口吐鲜血而亡；死后，尸体也备受折磨，先后搬迁了8次！

但是，面对种种困境，帕格尼尼并没有抱怨，他不仅用独特的指法弓法和充满魔力的旋律征服了整个世界，而且发展了指挥艺术，创作出《随想曲》《无穷动》《女妖舞》和6部小提琴协奏曲以及许多闻名世界的吉他演奏曲。

欧洲所有像大仲马、肖邦、巴尔扎克、司汤达等世界著名的艺术大师，几乎都听过帕格尼尼的演奏曲，并为之激动。音乐评论家勃拉兹称他是“操琴弓的魔术师”，歌德评价他“在琴弦上展现了火一样的灵魂”，李斯特大喊：“天啊，在这4根琴弦中包含着多少苦难、痛苦和受到残害的挣扎着的生灵啊！”

别再抱怨，因为根本没有用，帕格尼尼当然明白这个道理。不管是命运的不幸，还是追逐梦想的艰辛，内心的坚强成为他最强的后盾，因此他从不抱怨，努力去追逐属于自己的人生。最后，他的一切付出都有了回报，他成为了世界超级小提琴家。

生活中的一切都是我们抱怨的对象，受了委屈、遭受挫折总会发发小

牢骚，这似乎是一件再正常不过的事情。人们已经习惯在喋喋不休的抱怨之中获得一种满足感。或许，你比较讨厌别人在你面前抱怨，但你其实根本没意识到，这样的问题也存在于你自己身上。

抱怨在任何时候都是没用的，尤其是在需要解决问题的时候。与其抱怨，不如把注意力放在更值得去做的事情上。即便遇到不会的事情，也应主动去学习和请教，而不是抱怨。要知道，身边的人并不想成为你负面情绪的垃圾桶。

第2章

习惯抱怨，为什么倒霉的总是你

习惯抱怨的人，总是用语言不断给自己进行负面的暗示和强化，不断说服自己并相信自己就是那个总是倒霉透顶的人。他们陷入抱怨的心理怪圈，无法自拔，最终他们就真的慢慢地变得不幸了。

弱者抱怨，强者无怨

成功只会垂青那些积极主动的强者，只要你敢于担当，勇于接受来自生活的挑战，那么，任何艰难险阻都会变成坦途。对于一个强者来说，任何事情都会尝试着去做，因为他敢于去做，到最后事情都会自然而然地变得顺畅。后来，他会发现，那些原来让自己思虑重重的困难，竟然只是一件小事，根本不值得抱怨。真正的强者，从来不抱怨，他们总是会把那些消极的想法从内心扫除殆尽，让自己的内心充满阳光、充满希望。

相反，一个弱者、无能的人，他的生活总是充满了抱怨，因为无力改变现状，或者是内心根本没有想要改变现状的意识，因此，他除了抱怨，别无他法。抱怨者，既没有解决事情的能力，又特别容易后悔；强者，他们有着卓越的能力，在他们心中，没有怨言，因而，他们做任何事情都不会后悔。强者永远比抱怨者更接近成功。

小李和小王是大学同学，大学毕业后，两人签了同一家国企公司，更有趣的是，两人居然被分到同一个办公室，成了同事。小李在大学就是赫赫有名的人物，学生会主席，沟通能力和处理问题的能力都很强；小王虽然成绩优秀，但是，在大学没有参加社团活动，相应的处事能力较弱。

在办公室里，挂着职称的科长和两名副科长都不负责做具体业务，另外两位年纪稍大，自己觉得升迁无望，每天就只想着混日子，一旦有任务

分配下来，他们自然会推给小李和小王："小伙子，多锻炼，对自己有好处……"小李每次都欣然答应，做事情十分积极；小王则相反，他觉得同样都是在办公室工作，怎么就自己一个人像打工的，因此接到新任务从不积极，心中怨气越来越大。

前不久，公司领导决定在家属楼后面的空地上建一座三层小楼，作为"健身中心"，这项任务自然落到了办公室里。小王知道艰巨的任务又来了，索性在第二天请了病假，而最终小李接下了这个工作，科长还不断嘱咐小李："抓紧时间啊，这可是关系全公司职工的切身利益啊！"接下来的一个月时间里，小李天天往城里跑，把那些有名的健身中心都跑了个遍，又是拍照，又去图书馆查资料，每天忙得晕头转向。而小王和其他人则在办公室里休闲地喝着茶，看着报纸。没过多久，小李将图纸交给了科长，因为设计比较成功，受到了嘉奖。小王则在旁边抱怨："唉，早知道当初我应该来接这个任务，领导太不公平了，知道那天我请假就无视我的存在，如果我接到了任务，说不定比他完成得还要漂亮……"

后来，只要小李得到了上司的嘉奖，小王都要抱怨一番："领导对我太不公平了……"刚开始的时候，办公室同事还对小王说些打抱不平的话，可是，时间久了，大家也不怎么关心了，反而会在背后议论："自己没本事就别吱声嘛，见不得人家好，谁知道他一天的抱怨怎么那么多，还不是自己无能，否则，领导怎么会不重用你呢……"

罗斯福说："未经你的许可，没有任何人能够伤害你。"有的人自己办不好事情，别人办了漂亮事，他还会到处抱怨："其实我很有能力的""他凭什么就能得到领导的重用啊""这件事我会比他做得更好，可领导偏偏不找我嘛"。而真正的原因却是自己没有能力，所以心中才充满了抱怨。真正的强者，致力于如何解决问题，如何完成这件事情，而是不

是去抱怨，所以，强者最后会在努力中赢得成功，而无能的人只能在抱怨声中销声匿迹。

1.要想成为强者，必先无怨

一个人只有把自己定位在“弱者”的位置上，他才会觉得无法改变，逐渐变成一个抱怨者。可是，为什么不让自己变得强大起来呢？努力改变自己，使自己变得强大起来，成为真正的强者，这样你就不会有任何怨言了。我们要记住这样一个道理：要想成为一个强者，必先无怨。

2.弱者只会抱怨

现实生活中，我们会发现，人们总是欣赏那些积极主动的强者，同时，还会对其充满敬佩之情。可是，在这个世界上，真正的强者并不多，所以，世界上很少有成功的人。那些所谓的庸人呢？事实上，他们是因为自己而平庸，根源就在于他们只会不断抱怨。有的人动不动就说“这个社会怎么怎么样”“我简直是英雄无用武之地”，其实，说出这样话的人本身不是什么强者，因为强者绝不是这样的态度。

3.抱怨只会使你更加无能

面对人生的诸多不如意，我们都不要再抱怨了，抱怨只会让自己变得更加无能，而一个强者是不会抱怨这些的。强者往往是通过改变生活来解决问题，而弱者则是被生活改变，所以，弱者成了最后的抱怨者，强者却走向了成功。

有一句话说得好：“多数人都想改造世界，却很少有人想改造自己。”可能，左右一个人成功的因素会很多，但是，如果你连自己都不想改变，

你会是一个强者吗？许多人习惯抱怨社会，抱怨他人，抱怨自己，可是，有人想过很多挫折是因为自己不够强大才遭遇的吗？

抱怨的员工不会被重用

工作中可能会有很多烦心的事情，比如有刁钻的客户，使坏的同事，严厉的领导等，这些事情简直可以说是烦不胜烦。于是，下属开始见人就抱怨了，一边埋头工作，一边对工作不满；一边在完成任务，一边愁眉苦脸。这样的场景若是被领导看见了，他会认为你是一个干扰工作、爱说牢骚话的人，只知道对工作环境发牢骚、泄怨愤。有的下属希望工作和环境秩序好一点，却不知在适当的场合用适当的方式认真地提出来，而只是一味地抱怨。这样一来，同事会认为你很难相处，领导也会认为你没把精力放在工作上。结果，升级、加薪的机会都被别人抢去了，而你只有抱怨，抱怨完了这个抱怨那个，一年到头，估计没抱怨的时间很少。

实际上，领导最反感那些有事没事就抱怨的下属，因为领导的工作已经够忙了，他根本没有心情来听你抱怨。所以，作为下属，我们要避免抱怨，向领导表现出工作的热情。

小娜在一家广告公司做文案，她正是因太喜欢抱怨而影响到自己的工作，更为关键的是，她犯了在领导面前抱怨的大忌。

有一天，她正为不知道新品牌的牙膏该如何表现出独一无二的清新感而在电脑桌前伤透脑筋的时候，领导迎面走来，问道：“小娜，还好吗？工作进展得怎么样了？”小娜带着无力的眼神说：“我正在苦思当中，但我很难想出新的创意。”接着，小娜略带抱怨地诉苦道：“这家广告客户

真是够愚蠢的，艺术指导能力不足，业务经理又混，也许事情总是物极必反，越大的公司越容易走下坡路。”小娜说完最后一句话后，领导丢下一句话：“我朋友大概快来了，偏偏眼睛有点不舒服。”眨了眨眼睛后，领导就慢慢走回了办公室。

在这次简短谈话后的几个月内，曾是公司里最炙手可热的广告新星小娜发现自己不再获选为重要广告案的一员了。受挫的她想请领导解释一下其中的原因，这次领导一改往日的温和态度，严肃地说：“我如何相信你能处理大的案子呢？你根本无法专注于工作，而只会抱怨客户的要求太苛刻，我能放心吗？”

因为在领导面前抱怨几句，竟直接影响到自己的工作，或许就连小娜自己也没想到，领导会如此看重一个人以何种态度来面对头疼的工作。仔细揣摩领导所说的话，我们可以明白，若员工一直以抱怨的心态工作，他就难以将工作完成得很好，而只知一味地抱怨客户，抱怨领导，甚至还会抱怨办公室的光线太暗。

喜欢抱怨的人，其内心是消极的，他们总是处于失望、绝望的情绪中，发现工作中没有一件事情是称心如意的。于是，他们以抱怨的方式来发泄内心的糟糕情绪，而越是抱怨，却发现情绪越来越差，除了这个，其他什么都没改变。久而久之，抱怨就成了他们的一种习惯，“我已经连续加班一个月了，这样下去我怎么可能受得了”“这个案子真的好难写，我实在写不下去了”。而聪明的下属，总是在领导面前表现自己快乐的一面，这会在某种程度上感染领导，从而获得领导的赏识。

近几年，随着职场生存压力的严重加剧，越来越多的人开始加入到“抱怨大军”的行列之中，不过，一边抱怨一边工作真的能改变现状吗？

1.避免自己成为祥林嫂

在工作过程中，努力解决和平衡这些压力和危机感。员工若没办法做到内心的平衡，无形之中就会产生抱怨。而且，当员工对工作、领导的抱怨及产生的矛盾无法排解的时候，就会成为抱怨不断的祥林嫂。

2.抱怨之前先思考发生了什么事

当一件事情发生的时候，不必急着去追问这件事到底如何，而是需要先知道自己对这件事的感觉如何。不管遭遇什么样的逆境，都需要停下来，休息一下，思考一下究竟发生了什么事情。

实际上，在领导面前抱怨根本不是明智的行为，除了令他的心情也变得糟糕以外，你得不到任何的帮助。睿智的领导者觉得，一个经常抱怨的下属是难以成大事的，因为当别的同事在努力工作的时候，他却在抱怨中午食堂的饭难吃。反之，一个能从极其枯燥的工作中感受到快乐的下属，是很容易成大事的，因为他积极乐观，即使在最糟糕的环境下，他那快乐的心情也依然未曾改变。

消极抱怨的同事容易被孤立

工作中，我们听得最多的是谁的抱怨？那肯定是来自同事的抱怨。当我们厌烦同事的抱怨的时候，是否意识到自己也会抱怨？俗话说：“有人的地方就有江湖。”同事几个在一起，难免会抱怨工作，或者抱怨其他

人，不一而足。

请记住，千万不要在公司对同事抱怨，什么事情都抱怨，只会让同事对你避而远之，自己也落得个被他人拒之门外的下场。如果你抱怨的是领导，那别有用心的同事会将你的抱怨告诉领导；如果你抱怨的是同事，也有可能被人偷偷告诉这个同事。所以，一句抱怨，就有可能断送自己的职场生涯。而且，对于那些每天努力工作的人而言，他们根本不喜欢和抱怨的人共事。更何况，若是领导知道你喜欢抱怨，那他肯定不会将重要的事情交给你做，更别提给你升职加薪。

实际上，在日常工作中，每个人都有情绪低落、心情沮丧的时候，偶尔抱怨一下，发泄一下也在情理之中。工作中不顺心的事情很多，这很容易让一个人陷入消极的情绪之中，压力的积累必然会导致工作激情下降，这时候确实应该将不满的情绪发泄出来，然后再工作。通过合理的途径发泄内心的不满情绪，才有利于自己和他人的身心健康。

或许，大部分人会觉得同事能够了解自己的情况，满腹的牢骚可以向其诉说。然而，即便同事之间每天一起工作，也不能总跟同事抱怨工作上的事情，更不能老是哭丧着一张脸，或是在同事背后说坏话。你不妨换一个角度，站在对方的立场上思考问题：你是否愿意整天跟一个喜欢抱怨的同事一起工作呢?

刚开始可能有同事愿意听你的抱怨，他们也会随时附和两句：“对的，确实是这样，老板脾气确实有点古怪”“她脾气是有点不好相处”。但是时间长了，同事就不愿意当坏情绪的垃圾桶了，他们根本不想听你抱怨，哪怕表面上不动声色，心里肯定在想：这人天天说这不好那不好，你真要觉得自己本事大，怎么不辞职另谋高就呢？天哪，这人又来了，准没好话，我还是躲远点吧。这人整天就知道说别人的坏话，真是讨厌。长此

以往，你会失去同事对你的信任，令同事把你直接归类为“有一点小事就叫苦不迭”的人，领导也不会把重要的事情交给你做。

李先生是一家小公司的业务经理，他平时的工作就是管理业务部下面的十几个人以及一些业务上的来往。最近公司新来了一个员工小王，小王是个看起来挺老实的年轻人，对人也是彬彬有礼，客气有加，更难能可贵的一点，就是他平时工作很认真，几乎没有出现过任何差错。所以，他刚来公司一个月，就深得李经理的喜欢，李经理还准备把他提升起来做业务助理。正在这时候，却发生了一件意想不到的事情。

有一次，因为李经理的疏忽，一下子造成了两个大业务的直接流失，总经理为此大为恼火。李经理一方面作了深刻的反思，另一方面也对失去的客户进行了最大限度的挽留。那些天，整个业务部都弥漫着一种落寞的气息，李经理整天为工作的事情焦头烂额。就在这个极为关键的时刻，李经理却偶然通过朋友得知小王背着自己在总经理面前说了不少的话，其中包括了对李经理平时工作的恶劣评价，还唆使总经理把李经理辞退掉。

当李经理得知这些消息的时候，他不禁有些惊讶，不断地说：“没有想到小王是那种人。”他再慢慢回忆与小王交往的过程，才发现其实小王平时就有一些不太正常的表现。比如，小王从来都是对自己彬彬有礼，哪怕是自己语气相当愤怒，小王也总是满脸笑容地看着自己。想到这里，李经理不禁有些头皮发麻。

因为抱怨，小王失去了李经理的重用，也让别人看清了他。工作中，我们或许也会遇到那些喜欢抱怨的同事，每天听这样的话，自己也快抑郁了。别人跟你抱怨，刚开始你还会“嗯”，表示自己在听；后来就觉得特别烦；再后来，当同事跟你说话时，你甚至完全放空了自己，但是，即便这样，同事还是越说越起劲。在这个同事身上，你是否窥见了自己的影

子呢？

其实，不管是在哪个公司上班，我们都会遇到各种各样让人头疼的问题，没有哪一份工作是很顺心的。如果觉得合适就留下来好好工作，如果觉得不合适也可以选择辞职，换个工作。如果每天都在抱怨，却又不舍得辞职，又有什么意义呢？与其浪费时间和精力抱怨，不如认真把工作做好，这样同事和领导都会对你有一个好的印象。

其实，工作气氛对于公司而言是很重要的，办公室同事之间气氛越好，大家工作的心情就越好，工作效率也会相对高一些。在这样的环境里，谁会喜欢抱怨的同事呢？那些喜欢抱怨的同事，都比较容易心浮气躁，眼高手低，小事不愿意做，大事做不了，总是做白日梦，却不愿意付出。所以，一旦他们在工作中遇到不顺心的事情，就喜欢抱怨。对他们而言，不管是工作，还是领导、同事、公司、客户，都是他们抱怨的对象。

妮妮是一个喜欢抱怨的人，平时在办公室就常常唉声叹气，好像所有的人都对不起她似的。上班迟到就抱怨交通太堵，领导没有安排工作就抱怨自己每天都在打杂，不受重视；领导若是安排工作又抱怨工作太累，自己干了好多工作，工资却不如别人高；要么就是跟同事抱怨某某朋友拿着高薪，哪个同学办公环境好、工作又轻松，而自己没有好的机会，没有得到该有的薪酬。

如果你是属于喜欢抱怨型的人，那可要注意自己的言行了。因为抱怨不仅影响自己的工作情绪，影响对身边环境的认可，而且，抱怨会起到一种破坏作用，让你不思进取。不妨换个角度思考一下，对每一个人而言，百分百满意的工作是完全不存在的，每件事情都有一定的困难，如果没有困难，就不需要有人来做了。

如果你身边有喜欢抱怨的同事，那也不要被对方的负面情绪所影响，

让自己保持积极进取的工作状态。如果工作需要一起合作，那尽可能在一起工作的过程中引导对方看到事情的积极一面，比如工作结束之后的成就感、同事之间和谐的氛围、领导的表扬等，以自己积极的情绪去感染对方，帮助对方改善消极情绪。

对待消极抱怨型的同事要多用激励，消极的人常常自我驱动力不足，不能够做到自动自发，需要外部环境不断地去驱动他们，与他们相处时要在态度上表现得更加主动、积极、乐观等阳光的一面。

工作中若有情绪低落、需要宣泄的时候，尽可能选择与公司无关的地方，如旅游、喝酒、唱歌、找朋友聊聊天等，找到合理的途径发泄一番，第二天便能很好地投入到工作中去。同事之间不应该互相抱怨，而是应该互相表扬和鼓励，这样才会形成利于工作的氛围。

员工为什么会抱怨

公司的每个员工都会对工作或者是同事、上司或多或少有一些抱怨，其实领导不应该小看这些来自员工的抱怨，它在一定程度上反映了一些问题。领导非但不应该制止员工发出抱怨，反而应该希望员工把自己的不满说出来，这样才能发现公司或工作中出现的问题，并找出解决问题的办法，从而促使工作更好、更优化地开展。

有“世界第一首席执行官”之称的美国通用电气集团前首席执行官杰

克·韦尔奇曾说过一句话："让员工把不满说出来。"这句话虽然听起来很简单，实际上蕴含着深刻的经营管理之道，对每个企业都有着非常现实的指导意义。它强调了企业要重视员工的抱怨，并且从抱怨中发现问题、解决问题，使自己的企业得到很好的改善。

美国哈佛大学心理学系组织了一次十分有价值的实验。在美国芝加哥郊外，有一家制造电话交换机的工厂。在这个工厂中，各种生活和娱乐设施都很完备，社会保险、养老金等各个方面做得也十分到位。但是厂长感到十分困惑，因为在这样设施完备的工厂里，工人们的生产积极性并不高，而产品销售也是成绩平平。为了找出原因，厂长向哈佛大学心理学系发出了求助申请。哈佛大学心理学系在梅约教授的带领下，派出一个专家组对这件事展开了调查研究。经调查发现，厂家原来假定的对工厂生产效率会起极大作用的照明条件、休息时间以及薪水的高低与工作效率的相关性很低，而工厂内自由宽松的群体气氛、工人的工作情绪、责任感与工作效率的相关程度较高。

在他们进行的一系列试验研究中，其中有一个"谈话试验"。这个试验过程就是：专家们找工人个别谈话，在谈话过程中，专家要耐心倾听工人们对厂方的各种抱怨和不满意见，并且不准对工人的不满意见反驳和训斥，同时针对这些谈话作了详细记录。这一实验进行了整整两年的时间。在这两年多的时间里，研究人员前前后后与工人谈话的总数达到了两万余人次。

最后发现：这两年以来，工厂的产量大幅度提高了。经过研究，专家们最终给出了答案：在这家工厂，长期以来工人对它的各个方面就有诸多不满，但无处发泄。"谈话试验"使他们的这些不满都发泄出来了，从而感到心情舒畅，所以工作干劲高涨。另外，专家还从员工抱怨中发现了公

司制度、公司经营等上的诸多问题，而厂长也把这些问题列为需要解决的问题，及时致力于解决，最后使那些困扰员工情绪的问题解决了。于是，工厂的产量大幅度提高了。

任何一家企业或者是公司，都不可能把所有的工作都做得非常完美，乃至滴水不漏。例如，在有一些事情上总是会处理得不公平、不恰当，一些重大的决策制定得也不合理，一些管理工作做得不到位……凡此种种，都会使员工的心里充满抱怨和不满的情绪。很多决策都是由领导阶层商量决定，他们只是站在企业的效益角度看问题，而没有更多地顾及员工的心理，所以难免会出现一些或大或小的问题。

1.注重沟通方式

从员工的抱怨中发现问题，实际上是一种有效的沟通方式。通过这种特别的沟通，可以实现企业内部管理信息的“对流”。它能更好地倾听员工发自内心的呼声、意见和建议，这些都对企业决策层、管理层发现并改变不合理的管理方法有重要作用。企业还可以通过员工抱怨中发现的问题，制定出更加科学合理的制度，提高企业的管理水平，使企业更加繁荣昌盛地发展。

2.化解员工的顾虑

当企业决策层、管理层针对员工的抱怨中反映的问题，提出解决方法的时候，员工的顾虑、猜疑、误解和怨愤就会烟消云散，从而保持心情舒畅，全身心地投入到创新生产技术、提高工作效率上，这样就会壮大企业的实力。

领导需要善于从员工的抱怨中发现问题，并有效地解决企业内部决策、管理工作上的问题，改善企业境况。如果不能及时地从员工抱怨中发现问题，就会使员工的不满和怨气越聚越多，越积越重，直到企业发生严重的管理危机，那时候就为时晚矣。

你怎么成了怨男怨女

现代社会，我们常常听到这样的感叹："如今的怨男怨女越来越多了！"对许多人来说，"怨气"是一种合情合理的情绪，当心中的怨气堆成了小山，如果不宣泄反而会憋得慌，似乎抱怨完了心里才会舒畅些。从心理角度说，抱怨就如同一剂镇痛药，但是，一时的抱怨是可以的，永无休止的抱怨则是应该停止的。现实生活中，如果我们看什么都不顺眼，什么事情都觉得不顺心，常常抱怨过了头，就会让人望而生畏，甚至退避三舍。那些所谓的"怨男怨女"往往会在"怨声载道"中失败，从一定程度上说，他们对生活和人生的态度是不可取的，因为正是这种消极的态度导致了他们最后的失败。所以，不要做"怨男"或"怨女"，而应努力改变自己，以一种积极乐观的态度来面对生活，这样你才有可能赢得成功。

任何人或团队要想成功，都必须停止抱怨，因为抱怨不如改变，只有以一份接纳批评的包容心，积极奋进，成功才会离我们就越来越近。抱怨，其实是一种最消耗能量的无益举动，我们所抱怨的无非是自己的事，或者别人的事，或者上天的不公平，但是，这样的抱怨有结果吗？

在公司，小丽与同事小丫常常自嘲为"怨妇二人组"，在整个公司里，她们是典型的"发泄型"人物。在平日的工作时间里，她们或许是对

工作这里不满，或那里不如意，两人还常在办公室交流心得，小丽常常说："小丫就是我发泄的对象，每次我抱怨完了之后，心里就会舒服一点，那些愤怒的情绪也变得平和起来。"小丫虽然知道抱怨是不对的，但还是忍不住继续下去，她说："其实抱怨完了，工作和日子还不是照样过下去，什么都改变不了，看起来就像是阿Q的精神胜利法，但是，我已经上瘾了。"而且，小丽和小丫都有这样的感受，一旦自己开始抱怨，就会发现有更多想要抱怨的事情，于是，越"抱"越"怨"，最终，自己陷入了"抱怨轮回"。

小丫还发现自己抱怨来抱怨去总是那么几句话，心想：真是没意思，永远都是那么几句话。因为小丫常常挂在嘴边的话就是"累死了"，就在前不久的婚宴上，小丫穿着婚纱、几厘米的高跟鞋也不停地向朋友抱怨："累死了，结婚真累！"直到小丽忍不住提醒她："拜托，我的大小姐，你这是在结婚啊！"这样，小丫才闭上了嘴巴。

其实，小丽和小丫不过是众多"怨女"的缩影，她们宁愿每天像机器一样说着同样的话，也不想通过改变自己来改变生活，最后，她们逐渐陷入了一种"抱怨轮回"，反反复复，永不休止，"怨女"如此的表现似乎成了一种病态。试想，小丽和小丫整天在抱怨中度过，她们的工作能有多大起色呢？最终所面临的只能是一个失败的人生。

阿松来公司已经两年多了，他工作认真又比较细致，给上司和同事留下了较好的印象。可是，熟悉阿松的人都知道他有一个特点，那就是工作起来老是喜欢抱怨，牢骚发个不停。只要上司交给他新的工作任务，一回到了办公室，阿松就开始抱怨起来："难度较大的工作就找我""这么辛苦工作也不给我涨工资""工作都干烦了""等我以后做了老板"……虽然，阿松喜欢抱怨，但每次抱怨完还是将工作圆满完成。不过，在同一个

办公室，他抱怨起来，多少会影响同事工作的心情。

有一次，阿松正在电脑前边工作边抱怨，这时，上司正好走进了办公室，阿松一边打字一边抱怨："物价涨得那么快，一天工作累得够呛，工作还是那么点钱……"他根本不知道老板就在自己后面，身边的同事也不好意思提醒他，有个好心的同事咳嗽了一声提示他，阿松却没有领会，反而说道："你咳嗽啥，我说得不对吗？"他一抬头，才发现上司就站在自己旁边，场面极其尴尬，不过，上司什么话也没说就转身离开了办公室。

后来，有一些重要的工作上司也不再找他了，逐渐失去了对阿松的信任。前不久，公司准备提拔一个部门经理，论资历和能力来说，阿松是最合适的人选，但是，上司最后将部门经理职位给了小李，虽然小李在很多方面比不上阿松，不过，他勤勤恳恳，从来不抱怨自己的工作。失去了升职机会的阿松变本加厉，心理失衡，整天满腹牢骚，怨声载道，对工作态度也不如从前，上司对阿松有了很深的成见，最后，阿松不得不选择辞职离开。

在工作中，只有做好本职工作才能赢得上司的肯定与认可，才会为后来的晋升和发展奠定基础；如果老是抱怨，牢骚发个不停，贪图一时口舌之快，所形成的却是通往事业成功的绊脚石。所以，无论是在职场，还是在生活中，都不要做"怨男怨女"，而应努力转变自己，以积极乐观的心态来人生中的每一天。

那些抱怨自己的人，需要学会试着接纳自己；那些抱怨他人的人，应该试着将自己的抱怨化作请求；那些老是抱怨上天的人，应该学会祈求自

己的愿望。如此一来，我们才不会被别人冠以“怨男怨女”的名号，而自己的生活也会有巨大的转变，人生将会变得更加美好。

别做不善表达的“闷葫芦”

尼采说：“感恩即是灵魂上的健康。”在现实生活中，有时候，我们会受到他人的恩惠，或者给予别人帮助，在这样一个过程中，不仅使他人受益，同时，我们自己也会受益。感激，它如同甘露一样滋润了感谢者的心，以及被感谢者的心，它是心灵之桥，让人与人之间不再冷漠孤独。感恩，其实是一种幸福，那些心存感激，不忘他人滴水之恩的人，才是真正幸福的人。

然而，现代社会人心浮躁，不满情绪积压在心底，人们常常忘记了感恩，更关键的是，忘记了表达自己的感恩。感激是来自内心深处的一份感动，虽然，它只是我们的一种感觉，但是，如果别人给予了一定的恩惠，我们应该让对方知晓那份感恩，大方地表达出自己的感恩。相反，如果你什么都不说，什么都不做，别人会认为你是一个自私的人，而对于你来说，却是一肚子委屈说不出。所以，大胆表达你的感恩，不要做可怜的“闷葫芦”。

江本胜曾在《水知道答案》中提到：“当向水传递我们人所以为的恶意的信息时，水要么很难结晶，要么结晶的照片很难看。当向水传递我们人所以为的善意的信息时，水结晶的照片很美。”根据这样的推断，有人做了一个实验：将三杯水，分别贴上“爱”“感激”“爱和感激”的字条，再观察它们的结晶，最后发现，贴有“爱和感激”字样的水结晶更倾

向于“感激”字样的水结晶。这是因为感激的能量比爱的能量更大，所以，其水结晶的照片也是最美的。对此，心理学家认为，一个懂得感恩的人是一个善良的人。如果你并没有其他的美德，至少抱着感激之心而生、而死。

刘若英到底有多红，或许我们并不清楚，但是可以说，人们对她的作品感受有多深，就可以知道她到底有多红。想当年，奶茶刘若英夺得了金马影后，但是，随后迎来了三年的沉寂。当时，她没有了收入，也没有了工作，而且，这些情况还必须瞒着奶奶。每天，奶茶照旧去唱片公司徘徊，看着工作的同事们笑。下班的时候，同事总是会喊：“奶茶，走，吃饭去！”

多年以后，奶茶红了，但是，每当回想起那个时候，奶茶总是微笑着说：“他们都知道我饿了。”后来，奶茶在许多不同的场合都提到这段往事，同时，表达出对当年给自己一口饭吃的人感激不已。现在，奶茶依然会笑着说：“所以，他们现在常说我老爱请客，其实我不是，现在我请再多的客，都没有办法回报他们当初给我的那一口饭。”因为怀着一颗感恩的心，所以奶茶能在娱乐圈红这么多年，经久不衰。

无论多么成功的人，也需要别人的帮助，更何况是平凡的你我。或许，在很多时候，那些感激的话梗在喉咙里，不好意思说出口，但是，若不说，有谁会知道呢？所以，感恩，一定要大声说出来。

小菲向心理咨询师讲述了自己的经历：

两年前，我刚刚大学毕业就进入了现在这家广告公司，在公关部门做客服工作。可能是因为我外表不错，口才也伶俐，很快就赢得了客户的青睐。没过多久，公司为了一笔大业务特别组建了一个团队，我虽然是新人，但一点也不胆怯，凭着自己的口才和良好的沟通能力，我荣幸地成为

了那个团队中的一员。最后，在我们整个团队的努力之下，公司如愿签了订单，而我的能力也得到了有效提高。

当我再次回到原来的部门，上司更加看重我，自己的工作也越来越得心应手，不过，我感到许多同事开始对我“敬而远之”。有一天，我让同事小李帮我整理客户的资料，谁知，粗心大意的小李竟弄错了，我不禁有点生气：“像你这样的工作态度，永远都别想成为老板，只不过让你帮个忙而已，你还偷懒，这事情要是被客户知道了，怎么看我们公司呢？”工作结束了，我去了洗手间，一会儿，同事们走了进来，他们议论纷纷：“小李，你帮她多少都好像是应该的，不帮她呢，她就对着空气抱怨不止，搞得大家都没有心情，帮完了，她又威风了，也不知道，她心里怎么有那么多怨气……”突然，一阵委屈从心底涌出来，在同事们的眼里，我只是个不懂感恩的“怨妇”吗？从小，我就习惯了“有求必应”，难道我把这样一种情绪带到了工作中来？

现代社会，独生子女偏多，他们从小就习惯了优越的地位，习惯了在家人那里有求必应，他们身上缺少一份感激的心，总是觉得别人的帮助是理所当然的。如果别人不愿意帮助自己，他们心中就生出许多怨气来。这样的人，更应该学会感谢，面对他人的帮助，要懂得真诚地说一声：“谢谢！”

无论对方帮助的结果如何，我们都要养成感谢的习惯，并且大方地表达出自己的感恩，不要老是闷在心里，或者根本没有意识到，这样会使自己陷入人际危机的恶性循环，同时，自己也觉得十分“委屈”。

其实，每一个人在这个世界上所受的恩惠都差不多。疼爱子女的父母，宁愿自己受苦，也不让子女受一点点委屈；心情低谷的时候，总是有一两个朋友陪在身边默默地支持；被学生戏称为“老古董”的老师仍是苦口婆心，谆谆教诲。

第3章

抱怨是毒药，影响他人摧毁自己

抱怨，无异于一种毒药，长时间的抱怨可以摧毁一个人的意志，降低自己的身价，消减对生活的热情。最重要的是，抱怨并不能解决问题，抱怨命运不如改变命运，抱怨生活不如改善生活。凡事应该多找方法，少抱怨。

抱怨会带走你的好运

智者常常向人们讲述这样一个故事：有一位老人去赶集，买了一口锅提在手里，不料，忽然听到“哐当”一声，绳子断了，锅掉在地上摔破了，老人看也不看一眼，掉头就走。有人好奇地问为什么不看看，老人却笑着说：“都已经摔破了，看它又有什么用呢？至少我没有摔倒。”的确，既然事情都已经是这样子了，生气也无济于事，倒不如怀着一颗感恩的心，这样，心才会豁然开朗。

心理学家常常建议那些受怒气困扰的人们：“只要知足常乐，每天，你都可以呼吸到幸福的氧气。”远离怨气，我们才能收获幸福，因为幸福就是怀着一颗感恩的心。即使失去了或毁坏了，又有什么关系呢？只要自己还快乐、健康地活着，那就是最大的欣慰。

有人常常抱怨：“幸福敲响了别人家的门，好运也被别人抢走了，只有我是最可怜的。”但是，当一个人在抱怨的时候，自己是否意识到一切抱怨都是内心的怨气在作祟呢？有怒气潜藏在心底，我们才会不自觉地生气、发怒，抱怨生活的不公平。若是想赢得幸福，抓住好运，就需要驱逐内心的怨气，所谓知足才能常乐，相反，越是不知足，越是苦恼，心中的怨气就会越积越多。学会知足，我们才不会因生活中的琐事而耿耿于怀；学会知足，才不会因生活中的烦恼而忧心忡忡。只有知足常乐，方能贴近

幸福。

从前，有一个国王陷入了烦恼之中，总是感觉自己缺点什么，他感到十分纳闷，为什么自己对生活还不满意呢?

有一天早上，国王决定四处走走，寻找一位幸福而知足的人。当他路过御膳房的时候，意外地听到了快乐的小曲，循着声音，国王看到了一个厨子正在快乐地歌唱，脸上洋溢着幸福和快乐。国王十分奇怪，向厨子问道："你为什么如此快乐？"厨子笑着回答："陛下，我虽然只是一个厨子，但是，我一直尽我所能让我的家人快乐，我们所需的并不多，一间草房，不愁温饱，家人是我的精神支柱，他们很容易满足，哪怕我带回一件小东西，他们都会感到很快乐，所以，我也感到十分快乐。"

国王对此感到不解，向丞相请教，丞相回答："你只要做一件事情，他就会变得不快乐了。"国王好奇地追问："什么事情？"丞相回答道："在一个包里，放进去99枚金币，然后把这个包放在那个厨子的家门口，到时候你就会明白了。"按照丞相所说，国王命人将装了99枚金币的布包放在那个快乐的厨子门前。回家的厨子发现了门前的布包，他好奇地将布包拿到房间里，当厨子打开布包的时候，先是惊诧，然后是一阵狂喜，他不禁大喊："金币！金币！全是金币！这么多的金币啊！"他将包里的金币倒在桌上，开始查点金币，一共是99枚。这不可能啊，应该不是这个数。厨子心想，又数了一遍，还是99枚，他开始纳闷了："怎么只有99枚呢？没人会只装99枚啊？还有1枚金币到哪里去了呢？"会不会掉在哪里了呢？厨子开始寻找，可是，找遍了整个房间和院子，他都没有找到那枚金币。厨子感到十分绝望，沮丧到了极点。

厨子紧皱眉头，决定自己从明天开始加倍努力工作，争取早点挣回那枚金币，这样自己的财富就有100枚金币了。由于前一天晚上找金币太累，

第二天早上，厨子起来得比平时晚，情绪也变得很差，对家人大吼大叫，责怪他们没有及时叫醒自己，影响了自己财富目标的实现。厨子匆匆赶到御膳房，他看起来愁容满面，不再像往日那样兴高采烈，也不哼快乐的小曲了，只顾埋头拼命地工作。国王悄悄观察着厨子的变化，大为不解：得到了这么多的金币应该更快乐才是啊，为什么反而变得愁容满面呢？

怀着满腔疑虑，国王向丞相询问，丞相回答说："陛下，这个厨子心中有怨气。虽然自己已经拥有很多，但是无法满足，他拼命工作，就是为了挣足那1枚金币。以前，生活对于他来说是多么值得快乐和满足的事情，但是，现在突然出现了拥有100枚金币的可能性，一切幸福都被打破了，他竭力去追求那个并没有实质意义的'1'，不惜以失去快乐为代价。"

在所有的情绪中，只有爱心是最有威力的，感恩是一种爱，面对充满着烦恼与琐事的生活，要尝试着通过思想或行动表达出自己的感恩之情，同时，学会珍惜上天赐予自己的、人们给予自己的、自己所经历的。如果能常存感恩之心，那么，我们的人生之旅就是充满快乐与幸福的，而且，一路芬芳。

那些心怀感恩的人，他们视万物皆为恩赐，当心中充满了感恩之情的时候，这个世界才会变得美好。无论什么时候，如果我们能将感恩的情绪融入生活中，那么，每天我们都会呼吸到幸福的氧气，心中的怨气也会消失得无影无踪。

抱怨，只能获得暂时的快感

许多人喜欢抱怨，好似祥林嫂一样，见人就诉说自己失去了儿子，逢人便哭诉自己的不幸，而且，久而久之形成了一种习惯。人们常常把抱怨当作一种宣泄的方式，由于内心苦闷积压太深，没有办法得到排解，于是，他们选择向家人或朋友“宣泄”，开始无休止地抱怨。

对这样的情况，心理专家警告：“抱怨是毒品，远离抱怨，快乐地活在当下。”有人这样说：“抱怨看起来像毒品，只能令你获得暂时的快感，却能要了你的命。”的确，抱怨就是毒品，抱怨多了，抱怨的时间久了，自然就会上瘾，而且，最关键的是，抱怨还会伤害到自己的朋友和家人。

有这样一则古老的寓言：

从前，有一个年轻的农夫，他平日的工作就是划着小船，给另外一个村子的居民运送自家的农产品。那会儿正值天气炎热，酷暑难耐的季节，年轻的农夫汗流浃背，感到苦不堪言。为了尽快完成工作，农夫心急火燎地划着小船，以便能在天黑之前返回家中。突然，年轻的农夫发现，在前面有一只小船，沿河而下，迎面朝自己快速驶来，眼看着这两只船就要撞上了，那只小船却丝毫没有避让的意思，似乎是有意撞翻农夫的小船。年轻农夫心中顿时有了火气，大声对那只船吼道：“让开，快点让开！你这个白痴！再不让开，你就要撞上我了！”但是，农夫的吼叫完全不管用，那只船还是义无反顾地向自己驶来，尽管农夫手忙脚乱地为其让开水道，但为时已晚，那只小船还是重重地撞上了他的船。年轻的农夫被激怒了，他怒视对面的那只小船，但是，令他吃惊的是，那只小船上空无一人，而被自己大呼小叫、责骂的只是一只挣脱了绳索、顺河漂流的空船。

这个寓言故事给予我们一定的启示：再多的责骂、抱怨，也不能改变事情的发展方向。在一般情况下，当你极力抱怨的时候，即使有人无私地当你宣泄的“垃圾桶”，你所抱怨的事情也决不会因为你的抱怨而朝好的方向发展。

一位喜欢抱怨的女孩走进了心理咨询室，她刚坐下，就向心理医生抱怨：“我十分痛苦，因为我发现，最亲密的人也不能包容我的脆弱。”心理医生好奇地询问：“比如哪些方面，他不会包容你？”女孩满脸苦恼：“我向他袒露自己的痛苦，他却一点都不理解，反而指责我，这令我非常痛苦，这样的爱情有什么意义呢？我真想分手。”心理医生继续问道：“你男友说的什么话，最让你印象深刻？”女孩子想了想，说道：“他说受不了我的抱怨，说我总是看到事情消极的一面，却对积极的一面视而不见。”心理医生问道：“那你知道你为什么喜欢抱怨吗？”女孩迟疑了一会儿，含糊地说：“因为我有个爱抱怨的妈妈。”

心理医生对女孩说：“那男友对你的抱怨的看法，像不像你对妈妈的抱怨的看法？”女孩点点头：“是的，从小到大，我饱受妈妈抱怨的折磨，但是，没有想到，我也像妈妈一样，成为了一个喜欢抱怨的女人。”心理医生安慰道：“那你再多说说对妈妈的抱怨的理解和感受吧。”女孩回答说：“第一感觉就是烦，然后就是想逃跑。小时候，我一听到妈妈的抱怨，就想努力去改变，希望能够消除妈妈抱怨的根源，但是，即使事情有所改变，妈妈还是会抱怨。那时候，妈妈总是抱怨爸爸不给钱，但是，后来我发现，妈妈似乎从来不主动找爸爸要钱，当时，我实在难以理解，妈妈抱怨所追求的到底是什么，似乎只是在追求抱怨似的。”心理医生点点头：“你妈妈已经深陷抱怨的‘毒’中，而你现在的状况也很危险，再这样下去，抱怨会成为你的一种习惯，并不断地伤害那些跟你关系亲密的

人。”女孩内心充满了忧虑，却不知道该怎么办。心理医生向女孩建议：“正如你男友所说，试着去看到事情积极的一面，怀着一颗感恩的心，这样你就会慢慢改掉抱怨的坏习惯。”

有人说：“抱怨就好比口臭，当它从别人的嘴里吐出时，我们就会注意到；但从自己的口中发出时，我们却充耳不闻。”想想自己身边那些喜欢抱怨的人，在他们身上似乎有着祥林嫂的影子；再回想自己的生活，自己是否也在抱怨呢？如果发现自己正陷入抱怨的泥潭，应保持警惕，一定要拒绝抱怨，快乐地活在当下。

1.不要成为怨妇、怨夫

可能每个人的生活都充满了太多的抱怨，甚至会突然发现自己几乎成了一个“怨妇”或“怨夫”：生活中的一丁点不如意，就可能点燃内心那些莫名的怒火和怨气，在抱怨的过程中，脾气变得越来越暴躁，内心越来越不安，心情越来越糟糕，整个人陷入抱怨的恶性循环。往往会将对一件小事的怨气衍生到其他一些事情上，而对其他事情的抱怨又导致更多的抱怨，自己的抱怨招致家人和朋友的抱怨，而家人和朋友的抱怨又招致自己更多的抱怨……如此无限循环，周而复始，最终，我们的生命在抱怨声中画上句号。

2.没什么值得抱怨

厄尔·南丁格尔曾说：“我们所拥有的一切都是自己造成的，可是只有成功者会这样承认。”或许，对于成功者来说，成功的辉煌让他们主动承认这就是自己的功劳；相反，那些生活得十分糟糕的人，他们却不愿意承认一切都是自己造成的。可是，既然是自己造成的，还有什么值得抱怨的呢？

哲学家厄尔·南丁格尔说："我们会成为自己想象、思考的东西。"因此，我们应该以快乐、幸福以及幸运的心态去面对生活和工作，面对家人和朋友。有什么理由值得我们去抱怨呢？抱怨所导致的最终结果不过是使我们成为令人讨厌的人，没有人喜欢听我们的抱怨，即使是最亲的家人和朋友，因为谁也不想当一个"垃圾桶"。

很多人不幸福，因为总在发牢骚

生活中有很多这样的人，他们总是对生活现状不满，总是不断追求完美。比如，早上起床晚了，抱怨的人会想："家里人为什么不叫我一声？真是不负责任！"不抱怨的人会想："也许他们是想让我多睡一会儿。"

出门走路，与别人撞了一下，抱怨的人会想："挺大个活人都看不见，长眼睛干什么的？"而不抱怨的人会想："他肯定有什么急事儿，没看见，也怪我没注意。"

到了公司，同事对面走过来却对你视若无睹，抱怨的人会想："他对我有意见？牛什么？我还懒得理他呢！"不抱怨的人可能想都不想，顶多会想："他准是想着心事，没留神。"

辛辛苦苦做完一件工作，满以为会得到上司的夸赞，但谁知道上司不哼不哈，连个高兴的脸色都不给，抱怨的人会想："遇上这样的上司，活该我倒霉，一辈子都没有出头之日了。"不抱怨的人会想："这本就是我

分内的事。”

下班了，原本打算早点回家，却被临时通知要开会，抱怨的人会想：“下班都不让人轻省，这是什么破公司？”不抱怨的人会想：“也许真有什么重要的事情。”

好不容易回到家，爱人还没回来做饭，抱怨的人会想：“一天忙得要死，却连顿现成饭都吃不上！”不抱怨的人会想：“今天有个一显身手的机会了，我要给家人一个惊喜。”

卡耐基曾经遇到过这样一个女士：

这位女士一见到卡耐基，就开始抱怨，先是她的丈夫，她说她的丈夫不好好工作，接下来，她又开始抱怨她的孩子，说她的孩子不好好学习。总之，她有很多不满意的地方。等她抱怨完了，卡耐基对她说：“这位女士，您太追求完美了。”当她听到这句话后，非常吃惊地看着卡耐基，过了好一会儿才说：“卡耐基先生，您认为我非常追求完美吗？可我并不这样认为啊！而且像我这样相貌也不好、学历也不高的女人，根本不会去追求完美的。”

卡耐基说：“您刚才跟我介绍过你的情况。您想想看，您的丈夫现在才三十几岁，却有了自己的公司，这已经是成功人士了，您为什么还认为不够好呢？而您的儿子，他才小学四年级，每次也能考个不错的成绩，您又为什么不满足呢？不也是在追求完美吗？”听了卡耐基的话，那位女士很长时间都没有说话，最后接受了卡耐基的说法。

抱怨的人会说生活太累，因为他只看到了自己的付出，而没有看到自己的所得；而不抱怨的人即使真的很累，也不会埋怨生活，因为他知道，失与得总是同在的，一想到自己所得，他就会感到高兴。

1.抱怨会带来坏心情

牢骚满腹的人不可能获得幸福，因为它会破坏我们原本积极的潜意识。你可能有过这样的体会，只要我们的头脑中有一丝抱怨的意识，那么，我们手中的工作就会不由自主地慢下来，然后为自己鸣不平、讨公道，甚至是抱怨老天不公，在这种坏心情的影响下，不仅我们的工作和生活都受到了影响，我们的心态也会改变。而真正的勇者，他们从不抱怨，他们总是能淡定、冷静地看待世界，审视自己，最终成就自己。

2.把生活当作朋友

不要抱怨你的专业不好，不要抱怨你的学校不好，不要抱怨你住在破宿舍里，不要抱怨你的丈夫穷或你的妻子丑，不要抱怨你没有一个富爸爸，不要抱怨的你工作差、工资少，不要抱怨你空怀一身绝技却没人赏识，不要抱怨你的老板不近人情，不要抱怨你的同事素质低……生活是你的朋友，不是你的敌人。虽然现实有太多的不如意，但就算生活给你的是垃圾，你同样能把垃圾踩在脚底下，登上世界巅峰。

生活中有一些人，他们似乎从来就没有过顺心的时候，无论什么时候和他们在一起，你都会听到他们在抱怨。高兴的事情他抛在脑后，不顺心的事情总挂在嘴上，这样的人又怎么会快乐呢？摒弃抱怨，你才能找到生活的真谛，才会学会珍惜生活。

女人，你到底在抱怨什么

生活中，有的女人并不能很好地理解“男人把面子看得比生命还重要”这句话，情绪冲动的她们往往喜欢逞一时的口舌之快，经常做出的行为就是当着众人的面指责男人，或是在他人在场的情况下，将男人的种种不是事无巨细地数落一遍。这样做的后果是大大地伤害男人的自尊心，让男人们恼怒不已。时间长了，男人就会对这样习惯于当面指责自己的女人感到厌恶和讨厌。

一名好妻子，在有外人在场的场合，应该在男人做错什么事情的时候，悄悄地帮他圆场；在男人有什么漏洞的时候，慢慢地替他补上。即便男人有百般的不是，也必须等到只有你们两个人的时候，再好好地将自己的所思所想讲给他听；在只有两个人在一起的时候，与他细细一论长短。其实男人通常心里都很清楚谁对谁错，只要你给足了面子，他必然会在以后的生活给予回报。如果女人非要在面子上与男人一争高低，那不管是处于上风还是下风，最后的输家必然是你自己，因为你会失去男人对你的一切美好感觉，使他的心变得越来越凉。

有时候，我们经常听到有些女人不分场合地数落男人：“你怎么就这么没眼力见儿，没看见被没叠，地没擦呀？你说你，一个大男人成天待在家里，有什么出息？一瞅你我就来气，外面不成，回家也不干呀？你说，我哪儿指得上你？”“怎么了，又喝酒了吧？你说你跟你那帮狐朋狗友成天混在一起有什么出息？我看他们没一个顺眼的，你呀，这辈子算是没什么指望了！”“我不爱跟你回去，一看见你爸妈我就来气，上次我就嫌有一道菜不好吃，这下她倒好了，唠叨了那么多，你爸还添油加醋，哦，来你们家我就是受气的呀？”这些语言就好像一根根针，针针刺在男人的心

上，让他们感觉到自己的自尊被践踏，时间长了，他们的感情也会发生转移，他们更倾向那些生活中细声安慰自己的女人。

这是一个苦闷男人的自述：

我是家里的独生子，父母性格暴躁，这对我的性格有很大的影响。长大后，我比较内向，沉默寡言，甚至感到孤独，我暗暗下决心，我以后和妻子绝不能像我父母一样。通过别人的介绍，我认识了现在的老婆，她很早就在社会上打拼，思维比较活跃，社会阅历广。结婚这么多年，我们刚开始的感情很好，一聊可以聊几个小时，但最近两年多，她总是当众数落我。

我们家开了茶馆，有一次，一个顾客来喝茶，但他觉得电视不好看，就不想泡茶，我让他付钱，但对方不肯，老婆就和顾客吵了起来，我只是站在一旁，左右不是。老婆见我无动于衷，不帮腔，就当着许多人的面数落我："我不是数落你，别人就是欺负你，骂你，你连话都不敢说。"我心想，这是做生意，自然是以和为贵。结果，老婆见我不吱声，越说越起劲："你根本不是个男人，你太懦弱了。"这样的话对于任何人而言都是无法接受的，是一件很伤自尊的事情，旁边的人都说她看不起我。

她数落我已经成了家常便饭，真的很伤我的感情，我甚至有点怀疑婚姻，内心感到很难受。以前吵架了都是我找她谈话，但事情过后，她一样会数落我。这两天，我没搭理她，她也没主动找我说话。她从来没对我说为何数落我，为何做出如此伤男人自尊的事情。

最近这几天，我睡眠不好，我对以后的日子失去了信心，再这样下去，真的可能离婚。

在案例中，这位男子童年成长的阴影驱之不散，父母经常吵架，因此遇事隐忍便成为了思维惯性，他内心害怕复制过去所见到的场景，总是想

息事宁人。而男子的老婆是一个不太理解男人的女人，她几乎从来不懂得尊重男人，缺乏一定的智慧。试想，在外人面前让老公颜面扫地，这对于自己有什么好处呢？

1.为自己的情绪找一个合理的发泄渠道

生活的压力让每一个人变得很无奈，忍不住心中的烦恼时，总想找个人发泄一通。有些结婚后的男女，他们错误地将这样的情绪发泄到对方身上。在这场悲剧中，发泄者大多数是女人，而被发泄者必定是男人。对于这样的情况，女人应该为自己的情绪找一个合理的发泄渠道，如跑步、跟朋友谈心，而不是指责男人。

2.拒绝语言暴力

自尊和面子对于男人而言比生命还重要，可就是有那么一些女人喜欢用各种语言暴力来挫伤男人的面子。许多女人经常张嘴闭嘴就骂男人“无能”，这无疑是男人的死穴，听到这样的话，男人势必会脸红耳赤，有打人的冲动，但骂自己的是自己深爱的人，真是伤透了心。如果你觉得男人没出息，那就想办法引导他们往正确的方向发展，而不是用偏激的语言去刺伤他们。

女人要有一份知足常乐的心态，有爱自己的男人，有可爱的孩子，这就是一个温馨的家，有了这一切，还有什么不能满足的呢？对于男人的事业与工作，要多鼓励，多赞赏，即便是看到更成功的男人，也不要抱怨，而应用你的语言肯定自己老公做出的成绩。

别总是抱怨他人

足球教练说：“我能做什么，你们就能做什么。我没做的，你们做之前就要掂量掂量，或者请示一下。”作为一个上司，他力求的是以身作则，而不是苛求球员。在现实生活中，有的人习惯于对其他人百般苛求，对方出现了一点点纰漏，他就严厉指责，在他看来，似乎所有的人做事都达不到自己的标准。

朋友是一位洁癖者，她几乎包揽了所有的家务，家里的人若主动帮忙，她便拒绝，理由居然是：“我觉得他清洗东西不够干净，我看不上眼。”即使家人主动帮忙清洗了衣物，她也会选择重新清洗一遍，还到处抱怨：“真是，洗不干净，还来瞎凑合，净给我添麻烦。”后来，大家都不来帮忙，她又多了怨言：“一天真累死人，也不见哪个来帮忙，我真是命苦啊！”无论对方处于什么样的境地，似乎都会受到指责。事实上，与其对他人百般苛求指责，不妨点醒自己，以身作则，放弃心中的完美追求，这样，无论是身边的人，还是自己，都能收获一份更坦然的心境。

公司来了一位新上司，小松既是惊喜又是恐惧，惊喜的是原来那个讨厌的上司终于调走了，恐惧的是听说新上司是一个完美主义者。新来的上司是一位典型的上海人，做起事情来一丝不苟，中规中矩，任何事情，他都极力追求完美，对完美简直是一种苛求。这样一种苛求对小松来说就是一种莫大的压力，他心中时常感到烦闷，总是莫名地生气。

有时候，需要与客户洽谈生意的时候，上司就要求小松每次都要写出详细的业务计划和预算，包括具体的时间，会谈阶段的安排以及具体的会谈内容、目的以及所实施的方法等。可是，小松以前并不是这样工作的。小松本身是一个聪明而善于应变的人，很多时候，有可能是突然之间的灵

感，谈判的胜利常常会在出其不意之间。尽管小松不止一次向新上司说明自己工作的特点，但是，新上司还是执意要求小松写出详细的业务计划，否则，就对其工作百般挑剔、指责。面对一个苛求完美和细节的新上司，小松觉得比之前的压力更大，工作起来也束手束脚，没有办法施展出自己的能力。而且，由于新上司的独特要求，小松大部分的时间和精力都花在了书写工作计划中，对此，小松常常写工作计划写到摔笔头。不到一个月，小松就感到支撑不下去了，他选择了辞职，去寻找自己的另一片自由天空。

我们不难看出，这是一位典型的完美主义者，新上司用自己的完美计划苛求下属，使下属有苦说不出，最终，下属丧失了为他工作的有效动力。许多老板都有这样一个特点：当员工完成了自己所交代的工作时，他会觉得这是理所当然的，同时，他认为员工应该加倍努力，锦上添花，他从来不懂得欣赏和赞美员工；如果员工没有达到自己的要求，他就会怨天尤人，甚至比员工还要沮丧，不能理解员工的辛苦。

其实，这样的老板自身就是一种消极的思维，这样一种消极的情绪感染到员工，员工也会失去追求成功的动力，对工作产生消极态度，既然自己努力了也得不到肯定，谁还会愿意去努力呢？另外，老板这种消极的思维模式还会带来一种负面的情绪体验，令自己感到无奈、沮丧、愤怒。

1.太过于完美主义

有这样一类人，他们往往能够脱颖而出，有着远大的理想，追求完美，对自己是高标准、严要求，在人际交往中，对他人常常多了几分苛求，当然，也多了几分指责。但是，在完美的背后，到底是什么在驱使他们呢？心理学家通过研究发现，那些习惯于苛求和指责他人的人，往往是一些完美主义者，他们的座右铭是：永不停歇，不断成功！当然，他们永

远不知道什么叫“知足常乐”，在追求成功的道路上，他们需要很多人的支持。

对于一个上司来说，他的完美主义不仅针对自己，同时也针对下面的员工，他将对自己的那些要求，比如精力充沛、追求细节、不计报酬等，强加于下面的员工身上，不管员工的任何怨言。在完成任务的过程中，员工稍微出了一点点错误，他就会怨声载道，对员工抱怨不已。对此，心理专家特别提醒那些有着完美情结的上司：对他人苛求指责，不如点醒自己，以身作则。

2.给对方很大的心理压力

习惯于苛求他人，这本身就是一种不恰当的行为，这会给他人形成一种巨大的心理压力，使其内心产生诸多不快。另外，对我们自己的情绪和心情也有影响：如果苛求太多，自己的要求难以达到目的，心中也会怨气从生。因而，苛求与指责带给我们的始终是一种负面的情绪体验，在苛求与指责他人的过程中，我们会变得越来越沮丧、愤怒。

所以，请放下心中的完美主义情结吧，放下对他人的苛求、指责，自己懂得醒悟，先以身作则，再去要求他人、要求这个世界给予自己什么。这样，我们才能远离愤怒、沮丧，一切成功才能顺其自然。

怨气宜疏不宜堵

怨气积压在心中久了，就像等待迸发的岩浆，从里到外都是滚烫的，很容易伤害到他人。在生活中，若不及时消除心中的怨气，将会对自己或他人造成巨大的伤害，尤其是对某个人形成的怨气。

或许，我们常常看不惯某个人的习惯，讨厌某个人的说话以及行为方式，而又出于颜面或自尊没有办法向对方说明，但是，我们无法制止心中那股“怨气”的不断滋长，直至最终崩溃。

去年，王先生举家搬到了繁华的深圳市区，原以为以后的日子会越过越好，但是，没想到，由于孩子的教育问题，他时常与老婆发生矛盾，两人关系日益恶化。王先生性格比较内向，不善言辞，每次吵架都说不过能说会道的老婆，因此，每次吵架之后，他就一个人到卫生间生闷气。

那天，王先生在家里等着儿子回家，等了很久还是不见回来，生气的王先生开始不由自主地埋怨老婆：“看天这么晚了，孩子还没回家，都是你惯出来的。”老婆分毫不让，两人又吵了起来。不一会儿，从网吧回到家的儿子看见爸妈正吵得不可开交，索性躲进屋里玩电脑。吵了半天，两人都疲倦了，老婆不再搭理王先生，到了卧室躺在床上睡觉，王先生的气还没有消，他把自己关进厕所里闷头抽烟。他一边抽烟，一边思索，越想越生气，心中的怒气像快要喷出的岩浆，阻拦不住。

过了几个小时，王先生突然从厕所里出来，气愤地大吼：“这日子没法过了，还不如一把火烧了干净。”说完，王先生就摔门而去，过了好一阵子，他回来了，手中提着沉甸甸的汽油，吓得老婆孩子夺门而逃。这时，家中已经是浓烟滚滚，王先生站在屋门口放声痛哭了起来。

王先生对老婆有相当深的“怨气”，但是，他并没有委婉地表达出自

己的意见，反而是短兵相接，导致两人的矛盾越来越严重。直至最后，他点燃了自己心中长久以来的“怨气”，原子弹终于爆发了，却造成了悲惨的结局。

其实，对他人生怨气非但不能解决问题，反而会招致更严重的后果，特别是对于夫妻之间来说，更是如此。夫妻两人如果有什么矛盾，可以敞开心胸，吐露自己的真实想法，如果对方有某些行为让自己生气，我们也可以委婉地向对方表明，这样一来，矛盾弱化了，心中的怨气自然也就消释了。

老伯的老伴前不久去世了，他常常一个人闷闷地坐在那里，眉头紧蹙着，似乎总是在生气。如果有人跟他打招呼，他也回一个微笑，接着，老伯就会打开话匣子，开始说起自己的儿子、女儿、媳妇的种种不是。那些抱怨的话别人是不能接口的，只能静静地听，大家都感觉到，这是一个多么难相处的老人家啊！

有一次，老伯正在进行冗长的抱怨，旁人问道：“你有没有跟儿女讲过你的这些不满呢？”老伯愣了一下，大声说道：“这还要跟他们讲吗？他们是做子女的，自己当然要知道父母的不满啊！只有那些不孝顺的，才需要我讲。”旁人呆住了，老伯接着说：“他们要是没顺我的意思，我就不跟他们讲话，叫我爸爸我也不搭理，这样一来，他们就会怕我，就不会不孝顺我。如果不怕我，就不会孝顺我，就会放我一个人自己住，那时，我就可怜了。”说着，老伯似乎露出一丝微笑：“现在，我已经三天都不理他们了，媳妇叫我比平常时更多遍了。”

这的确是一个喜欢生“怨气”的老伯，在他那固执而又蛮横的逻辑里，似乎总是自己在跟自己生气。老伯没有赢得预期的对待，于是学会用自己的情绪去勒索他人，事实上，这是一种极为不恰当的做法，生怨气只

会把自己推向孤立无援的境地。如果这位老伯能够委婉地说出自己的情绪和想法，对儿子、媳妇与女儿表达关心，那么，一家人是可以和睦而温馨地相处的。

1.别把怨气藏在心里

事实上，每个人都欢迎不同的意见，相比较而言，人们更不喜欢不声不响就生自己气的人。所以，如果你对某个人生了“怨气”，不要放在心里，试着用委婉的方式表达出来，化“怨气”于无形，更好地解决问题。

2.找到合适的发泄途径

传统的中国人似乎更倾向于生怨气，他们更容易被消极情绪所影响。然而，愤怒的情绪就像洪水一样，堵不如疏。心中有了怨气，我们就要想办法疏通，学会自我调节，有怨气时寻找合适的渠道，适当地表达自己的真实感受。如果一味生怨气，只会影响彼此之间的感情。

3.怨气容易郁积成疾

有时候，两个人之间生怨气，刚开始时可能大多是不满情绪或愤怒的“小气”，但是，由于郁积在心中的矛盾一直没能得到解决，相互之间的关系越来越恶劣，结果使矛盾更加严重。“小气”逐渐滋长为“大气”，甚至引发一系列悲剧。

试着放下自己对他人的“怨气”，如果自己心中真的有什么想法，那就委婉地告诉对方，将自己的情绪反应如实地告知对方，这样对方才能清楚地知道你到底为什么而生气。而且，这样既可以解决与他人之间的问题，还可以化解心中的怨气，化怨气于无形，使自己的情绪回归于平静。

第4章

有效抱怨，不妨学会适时倾诉

尽管抱怨是生活中必不可少的一种行为，不过很多人并不擅长有效地抱怨，他们只会琐碎、毫无意义地唠叨，然而这对事情发展并不会有任何作用。在生活中，我们需要避免无效抱怨，尽量作一些“有效抱怨”。

抱怨升职加薪难，因为你没有掌握方法

在职场中，每个人都渴望自己有价值，希望自己所得的薪酬、薪资是合情合理的。但是，我们常常遭遇这样的情况：听说又有一位同事加薪了，为什么他可以加薪，自己却加不了薪水呢？已经在公司工作很多年了，但薪水总是停滞不前，怎么样扭转眼前的局势呢？眼看就到年底了，人事部的考评已经结束了，如果你在排行榜上位列前茅，为什么不试试向领导提出升职加薪呢？尝试或许可能失败，但若是从来不去尝试，则注定只有失败。如果你总是抱怨升职加薪难，却从来不主动跟领导沟通，那就是无效抱怨。

乐乐是公司的市场部经理，她曾经三次向领导提出加薪，其结果和教训都是不一样的。

乐乐第一次提出升职加薪的时候，她已经在那家公司已经快三年了，对那份工作十分熟悉，而领导也一直没给她加薪。乐乐以熟悉业务为谈判条件，向领导提出加薪，领导却不同意。之后，上下级之间的关系变得微妙起来，乐乐很快就辞职了。

从那家公司出来，乐乐跳槽到现在的公司做销售秘书，负责协调处理各业务部门的工作。乐乐依旧努力工作，但这种千篇一律、薪水不高的工作实在令自己难以满足。每天看着公司墙上悬挂的业绩明星照片，乐乐认

定，自己一定不会比他们差，乐乐走进了办公室，向领导开门见山地提出加薪的要求，结果还是失败。

第三次要求加薪是为了一个下属，那位工人在流水线做了两年，他说，如果加薪不成，就要离职。乐乐向领导汇报，领导刚开始并不同意，说这样的员工再找一个就是了。但乐乐认真地算了一笔账：这个工人每月的工资是1800元，市场上可以招聘的熟练工人最开始的工资是1200元，可如果在1800元的基础上，给这个工人加100~200元，他就能安心工作下来，还免去了招聘新员工的招聘费用和培训费用。这样一说，领导痛快地同意了加薪。

通过这三次的经历，乐乐明白了，向领导提出升职加薪，一定要有理有据，只要你有真才实学，底气足，领导就会按照你的贡献加薪；如果底气不足，甚至毫无能力，别说是加薪，可能连自己的工作都很难保住。

案例中乐乐所得出的经验，简而言之，就是在向领导提出升职加薪之前，你要给自己一个正确的“估价”。许多人认为“要求加薪”是单向沟通，自己只需要单方面地告诉领导：自己想要加薪。其实，“请求加薪”是一个双向沟通，简单地说，你必须听到领导的声音，依据他的响应与看法来修正你的论点与看法。此外，最关键的是提出升职加薪一定要把握时机，看准了机会，才有可能成功。

1.正确对自己“估价”

如果你为公司的付出理应得到更大的回报，那就可以向领导提出升职加薪的要求；如果你为公司所做的一切远不值你现在的薪资，那你首先要从提高自己做起。在这里，我们所说的把握时机，所谓的“时机成熟”，也就是自己心里一定要有底。

2.最好选择当面沟通

说服领导为自己升职加薪的最佳方式是面对面地谈话，打电话或寄电子邮件以及发信息等，这样的沟通都是间接的，因为看不到对方的表情，有可能造成不必要的误解。

3.询问答复的具体时间

在谈升职加薪的时候，不仅需要把握时机，还需要询问领导关于升职加薪的具体时间。大多数人走进办公室向领导说出“加薪”的要求之后，就不了了之，可能是不好意思询问，或者忘记了向领导要求答复具体的结果。对么，你可以说：“我知道公司目前有困难，但是，我自己需要考量生活上的需求，我想知道，您什么时候可以给我答复呢？”在谈加薪之前，我们需要清楚地了解领导的需求，如果领导的需求能够与你想加薪的理由结合在一起，那么，请求加薪已经成功了一半。

通常情况下，领导考虑是否为一个员工加薪，其主要出发点在于该员工为公司贡献了多少、他到底有多大的价值。在向领导提出加薪时，我们应该找出有力的依据来说服上司，比如，强调自己的工作量增加了，可以用相关的数据来说明，作为让领导参考的资料。

巧妙进谏，上司会更赏识你

作为下属，我们需要适时向领导进谏，向领导提出某些建议或看法，

但实际上进谏也是需要讲究技巧的。许多下属都遇到过这样的情况，当自己向领导进谏的时候，不仅没有得到领导的采纳，甚至还有可能导致被领导冷落的局面。其实，造成这样的情况并不是因为你所提出的建议和想法不具备可行性，也不是领导很平庸无能，而是因为你向领导进谏的方式不对。很多时候，如果你直接地向领导提出一些意见，会让他难以接受。毕竟领导处于权威的位置，他的威信不允许他轻易受任何人的摆布和差遣。你直截了当地提出意见，会让他产生一种不被尊重的感觉。因此，当你需要向领导提出自己想法时，不妨灵活地采用各种技巧，委婉含蓄地表达出来，让领导轻松接受自己的建议。

邹忌身高八尺多，而且身材魁梧，容貌美丽。有一天早晨他穿戴好衣帽，照着镜子，对他的妻子说："我与城北的徐公相比，谁更美呢？"他的妻子说："您美极了，徐公怎么能比得上您呢？"城北的徐公，是齐国的美男子。邹忌不相信妻子的话，于是又问他的妾说："我与徐公相比，谁更美？"妾说："徐公怎能比得上您呢？"

第二天，一位客人来家里拜访，邹忌问客人："我和徐公相比，谁更美？"客人说："徐公不如您美啊！"后，徐公来了，邹忌仔细地端详他，自己觉得不如他美；再照镜子看看自己，更觉得远远比不上人家。晚上，他躺在床上想这件事情，说："我的妻子赞美我的原因，是偏爱我；妾赞美我的原因，是惧怕我；客人赞美我的原因，是对我有所求。"

对此，邹忌上朝拜见齐威王，说："我确实知道自己不如徐公美。但我的妻子偏爱我，我的妾惧怕我，我的客人对我有所求，他们都认为我比徐公美。如今齐国土地纵横千里，有一百二十座城池，宫中的姬妾和身边的近臣，没有不偏爱大王的；朝廷中的大臣，没有不惧怕大王的；国内的百姓，没有不对大王有所求的。由此看来，大王您受蒙蔽更厉害了！"

齐威王说："好。"于是下了一道命令："所有大臣、官吏、百姓能够当面批评我过错的，可得上等奖赏；能够上书劝谏我的，得中等奖赏；能够在众人聚集的公共场所指责、议论我的过失，并能够传到我耳朵里的，得下等奖赏。"政令刚一下达，许多官员都来进言规劝，宫门庭院就像集市一样；几个月以后，偶尔还有人进谏；一年以后，即使想进言，也没有什么可说的了。

在案例中，邹忌向领导进谏，所采用的就是委婉含蓄的方式，先通过讲述自己的经历，以此类推出齐王所受的蒙蔽更多，最终达到了进谏的目的。在工作中，领导也并不是绝对正确的人，由于各方面因素的影响，使得领导在作决策时有可能存在偏差或错误。作为下属，我们千万不要因为领导出了错误就幸灾乐祸，甚至当场提出其不足之处，这样只会使领导陷入极端尴尬的局面。如果遇到心胸狭窄的领导，他还会恼羞成怒，伺机对你进行报复。

对此，下属可以采取顺势引导的办法。比如，当你发现你的领导在管理上还是运用的旧思想，也不重视选拔、培养人才，什么事情都事必躬亲，使公司运转效率下降，那你不妨鼓动领导参加MBA学习，令其接受国内外的先进管理制度，与其一起讨论公司现在运转中遇到的问题。这样一来，就会使领导改变自己的管理模式，促进工作的有效开展。

每一个领导都不是十全十美的人，他们在一些能力、认知方面也会有一些不足和偏差，所以他们在工作中也会出现一些失当的决定。而作为一个下属，你需要去发现这些问题，进而有效地解决问题。当然，当你需要

为领导指出一些问题所在时，是要讲究一定的方法和技巧的，并要寻找一个合适的机会委婉地提出来。这样，廉明的领导才会欣赏你的决策，进而对你信任有加。

心有不满，委婉地提出建议

有时候，我们会对身边的人所说的话或者所做出的事情感到不满，抑或是我们因为朋友间的情谊而需要指出对方的错误。这时候，很多人选择以直接的方式说出，更有甚者，他们会选择一个公开的场合指手画脚，“你这里做错了，我认为该怎么样”，完全不顾及别人的感受。这样直接的做法只会伤害到对方，也不容易让他接受。虽然，我们经常说“忠言逆耳，良药苦口”，但实际上又有谁愿意听忠言、喝苦药呢?

每个人都有自尊心，人们骄傲的内心不允许来自别人的当面批评和直接指出错误。如果你偏偏要走“直路”，直接指出对方的错误，那么就会伤害到对方的自尊心，使对方处于一个难堪的境地，而他在愤恨之余也不会接受你的建议。

传说，郑板桥早年的时候，家里很贫穷，有一天春节，因为没有食品过年，他在除夕向屠户赊了一只猪头，刚下锅，又被屠户要了去转手卖了高价。为此他一直记恨在心。直到后来到山东范县做官，还特别规定杀猪的不准卖猪头，自己吃也要交税，以示对屠户的惩罚。郑板桥夫人听说此事，感到不妥。一天她捉到一只老鼠，吊在房里。夜里老鼠不住地挣扎，郑板桥一宿没睡好觉。郑板桥埋怨夫人，夫人说她小时候好不容易做了件新衣裳，被老鼠啃坏了。郑板桥听后笑了：“兴化的老鼠啃坏了你的衣裳，又不是山东的，你恨它是何道理？”夫人说：“你不是也恨范县的杀猪的吗？”郑板桥恍然大悟，随即吟诗一首：贤内忠言实难求，板桥做事理不周。屠夫势利虽可恶，为官不应记私仇。

郑板桥因为贫穷时的遭遇，一直对屠户怀恨在心，所以等到他做了官之后，就规定杀猪的不准卖猪头，自己吃也要交税，以示对屠户的惩罚，实际上他的这一行为就是公报私仇。这时候，夫人看不下去了，但如果直接指出郑板桥的错误，那么就会伤害他的自尊，也会使他陷入难堪的境地，所以，夫人运用类比的方法，巧用譬喻，旁敲侧击。聪明的郑板桥立即领悟到了夫人话里蕴含着的言外之意，自己也醒悟过来，明白了自己的错误。在这里，夫人舍弃了直接的方式，而采用委婉的方式，达到了劝说的目的。

很多人愿意选择畅通无阻的罗马大道，但正因为道路一望无遗，人们在途中免不了跌跌撞撞，寻找不到前进的方向，还很容易摔倒在那坚硬的大道上。而旁边的曲径小道，虽然途中多了些曲折，但更容易到达目的地。说话也是一样的道理，直言快语的勇气值得称赞，但并不容易让人接受，也达不到预期的效果；委婉的表达方式虽然有点麻烦，但你会发现，只要转个弯，曲径更好走，更容易达到成功的目的。

王太太为了整修房屋而请来了几位建筑工人。起初几天，她发现，这些建筑工人每次收工后都把院子弄得又脏又乱。可他们的手艺无可挑剔，王太太不想训斥他们，便想了一个好办法。一天，建筑工人收工回家后，她便偷偷地和孩子们一起把院子收拾整齐，并将碎木屑扫好，堆到院子的角落里。到第二天工人们来干活时，她把工头叫到一边大声说：“我真的为你们在收工前将我的院子扫得这么干净而高兴，我很满意你们的举动。”之后，每到收工时，工人们都自觉地把木屑扫到角落里，并且让工

头作最后的检查。

如果王太太直接指出工人的错误，肯定使工人们大为恼火，而这种情绪会影响其工作效果，也会破坏他们与王太太之间的友好关系。所以，聪明的王太太没有直接指出错误，而是委婉地表示出自己的想法，聪明的工人们一下子就明白了王太太的意思，也认识到了自己的错误。因而，每次完工之后，工人们都会自觉地把木屑扫到角落里，并且让工头们作最后的检查。

1.曲径更通幽

虽然条条大路通罗马，但曲径或许会更好走。比起直接的说话方式，委婉更加容易让人们接受。所以，当我们在指出他人错误的时候，要善于舍弃直接的方式，选择能通幽的小径，以委婉的方式来劝说他人。这样的“曲径”不但能把我们的意思准确地表达出去，而且能成功地使对方接受你的建议。想要对方能虚心地接受你的建议，就要注重说话的技巧，一定要委婉地指出他人的错误，切勿直接批评。

2.委婉建议，对方更容易接受

当直路不能畅通的时候，你不妨舍弃直接的方式，选择委婉的方式。当你用委婉代替了直接，巧言暗示对方所犯下的错误，他一定会聪明地领悟到你的良苦用心。直接只会让忠言被排斥在门外，良药被倒在垃圾桶里，而用委婉代替直接，可以让良药不再苦口，让忠言也能顺耳，以巧言语惊四座，指出对方错误、达到劝告对方的目的。

我们需要指出对方的错误，实际上就是一种批评，而成功的批评方式

就是让对方能够愉快地接受批评，及时地认识到自己的错误，并作出改正。所以，我们需要委婉地指出对方的错误，这样要比直接说出来显得温和，而且不会引起对方的强烈排斥。

不当怨妇，选择有效沟通

女人常常将自己当成女王，总是要求男人这样那样，好像男人应该满足自己的所有要求，一旦自己哪些方面没能得到满足，女人就开始歇斯底里，夫妻之间的战争又开始了。懂得跟男人交心的女人从来不会向男人提出什么要求，她们只是告诉男人自己的希望，然后鼓励男人去努力、去奋斗，最终成为自己所希望的样子。从男性自身角度说，他们是难以驾驭的，他们从来不会接受女人所提出的无理要求，换句话说，他们不愿意成为任人指使的对象，尤其是被女人指使，那该是多没面子的事情。

生活中，有的女人习惯性地说："你把这个工作辞了吧，我觉得这个工作对你的事业一点帮助都没有，为什么硬是选择在这里做呢？"还有的女人换了一种方式："我希望你能将自己的工作考虑清楚，各方面都稳定之后再作打算，你未来是如何安排的，只希望现在的工作对你有帮助。"对于前一种说辞，男人肯定会说："工作的事情我自己知道操心，你管好你自己就行了。"而对于后一种说辞，男人则会客气地说："我知道的，我目前的打算是这样的……你觉得怎么样？"很明显，后一种方式可以向男人传递一种善意的关心，男人自然比较容易接受。

小杨和男朋友相恋半年了，两人从最初的甜蜜走到了平淡的生活。虽然，在刚开始认识的时候，小杨就知晓男朋友的处境，但一回到现实的

生活，她还是忍不住唠叨：“我跟着你，已经算是你的幸运了，你有什么呀，我别的什么都不要求，只希望你能买套房子，然后咱们就结婚，我要求很简单的。”一开始，男朋友还会满怀愧疚地说：“你放心，我一定会让你幸福的，就算是我苦点累点，我也不会让你过苦日子。”

可小杨唠叨的次数多了，男朋友就比较厌烦了。小杨总是抱怨：“你现在这样只是安于现状，为什么不换一个工资高一点的工作呢？”男朋友回应说：“你说倒是说，工资高的工作也不好找啊，我现在这样踏踏实实上班已经不错了，我也没偷懒。”小杨想到未来的前景，心生黯淡：“像你这样，何年何月才能买房子？你让我等到什么时候啊？我真的有点累了，我想找个合适的人结婚了。”一听这话，男朋友生气了：“我每天在外面上班已经够累了，回来就听你说这说那，就听你给我提这样的要求、那样的要求，难道这样吵架，就能将房子吵来吗？一生气就说自己想结婚，说了多少次了，你让我心里怎么想，有一天把我逼急了，那你就去结婚吧，我也不管了，我一个人乐得自在，为什么你就不能体谅我的心呢？你哪一次关心过我的工作？你清楚我内心的真正想法吗？你总是对我提出这样或那样的要求，给了我很大的压力，在这样的情况下，我还能好好工作吗？”

女人对男人所提出的要求，不仅让男人觉得女人不够尊重自己，而且会给男人一种压力。本来，在现在这个社会，男人所面临的压力就比女人大得多，作为男人身边的女人，如果还不够理解男人，还要任性地给男人提出许多无理的要求，那只会让男人感到崩溃。

1.尽量对男人说“希望的话”

说话方式不一样，别人听了感觉也会不一样。女人应该尽量对男人说一些希望的话、憧憬的话，将自己美好的心愿说给对方听。以理解的心态对男人说这样的话，男人才会顺从于你，才会明白你的苦心。

2.当你提出要求之前，先问问自己为他做了什么

许多女人不够理解男人，不为男人分忧解难，而在对男人提出要求的时候，她却是振振有词。男女之间，如果你真的做得很好，不用你开口，男人也会将你喜欢的东西买来送给你；反之，如果你天天提这样的要求、那样的要求，那男人反而会觉得厌恶，根本不会想到满足你的这些要求。

对待男人，需要以柔情融化其内心，不能硬碰硬，除非你铁了心不想跟这个男人过日子了。不管是对于男人的事业还是生活，不能处处要求他，而应说出自己的希望之语，这样他才会朝着你所想的方向努力。

心情不好，适时向朋友倾诉

从弗洛伊德时代开始，心理分析家就知道，假如一个病人可以开口说话，那么仅须将话说出来，他心中的忧虑就可以消除。心理学家表示，当一个人说出自己的忧虑之后，就可以更清晰地看到身上存在的问题，就可以看到更好的解决方法。或许，这其中的奥秘是无法被探知的。不过，几乎每个人都知道，将心中的烦恼倾诉出来，或者发泄一下胸中的闷气，能马上让人感到浑身轻松。

英国思想家培根：“如果你把快乐告诉一个朋友，你将得到两个快乐。而如果你把忧愁向一个朋友倾吐，你将被分掉一半的忧愁。”分担，

它是一件有趣的事情，可以让我们的快乐加倍，让我们的痛苦减半。当你发现自己被那些怒气缠绕而且无力摆脱的时候，千万不要让它憋在心中，要学会宣泄情绪，学会向知己好友倾诉心中的烦恼，让自己摆脱闷气的缠绕。面对不良情绪，唯有主动释放，理智宣泄，否则，后果将不堪设想。

夜晚快到凌晨了，李太太家里的电话铃声突然响了起来，李太太拿起电话："喂，你是哪位？"电话里传来了一个妇女的声音："我恨透了我的丈夫。"李太太感到莫名其妙："我想，你打错电话了。"但是，对方似乎没有听见，依然继续说下去："我一天到晚照顾两个孩子，他还以为我在偷懒，有时候我想出去见见朋友，他都不肯，自己却天天晚上出去，跟我说有应酬，鬼才会相信呢。"李太太打断了对方的话："对不起，我不认识你。"那位妇女生气地说："你当然不会认识我了，这些话我怎么能对亲戚朋友讲，到时候肯定会搞得满城风雨，现在我说出来了，舒服多了，谢谢你。"随后，那位妇女就挂断了电话。

虽然这位妇女的做法显得十分荒唐，但是，我们可以从中发现，被不良情绪所困扰的人，他们其实很想把心中的忧愁和苦闷倾诉出来，哪怕对方只是一个陌生人。在电影《2046》里，梁朝伟将自己内心的秘密对着一个树洞倾诉，不难发现，每个人都有一种倾诉的欲望。有时候，心中的烦闷可能是关于隐私之类的话题，那怎么办呢？事实上，我们应该明白，在任何时候，知己好友都是我们心灵的伴侣，在朋友面前，又有什么可丢脸的呢？当然，向朋友倾诉自己的烦恼时，我们需要选择值得相信的朋友。

在生活中，当我们遭受工作或生活上的烦恼时，不妨找一个人聊聊、诉诉苦。当然，我们所找的聊天对象不能是随便从大街上拉来的一个人，而应自己信任的人，这样才可以放心地将自己心中全部的苦水和牢骚说给对方听。当我们遭遇烦恼之后，我们可以寻找一个信任的人，与他约好一

个时间聊天。当然，这个信任的人可以是亲人，也可以是心理医生，也可以是律师，我们可以对他说："我现在遇到烦恼的事情了，我希望你能听我说说，然后给我出出主意。或许，你站在你的立场可以给我一些忠告，看到一些我自己不曾发现的问题。当然，即便你无法给我一些意见，只要你愿意听我诉苦，当我的情绪垃圾桶，我就非常感激了。"

当然，除了与朋友聊聊，还可以尝试以下的方法：

1.寻找适合自己的座右铭

你可以准备一本笔记本或是剪贴簿，然后寻找一些鼓舞人心的座右铭，包括诗句、名人的格言等。当你感到烦恼的时候，或者感到精神不振的时候，你可以看看这些座右铭，然后你会觉得情绪得到一种提升。

2.对他人感兴趣

你可以在公共汽车上，为自己所看到的人虚构故事，假设这个人的背景和生活情况，假设对方的生活是什么样的。慢慢地，遇到身边的人时你可以主动凑过去聊天。所以，在生活中，对那些生活在自己附近的人，需要保持一种友善的态度以及一种健康的乐趣。

3.不要为别人的不足担心

在生活中千万不要为别人的缺点而操心。假如你希望对方是一位圣人，那估计他也不会认为你是完美的。假如家庭主妇觉得自己嫁错了人，也不妨尝试这种方法。或许，当你发现他的优点之后，你会庆幸自己嫁给了他。

4.上床睡觉之前，计划好明天的事情

在前一天临睡前计划好第二天需要做的事情，这样会治愈我们的忧虑情绪。因为当我们真的这样去做了之后，会发现自己依然可以完成许多事情，却感觉不到一丝的疲惫。想到自己竟然完成了这么多的事情时，甚至

会感觉有些骄傲。当然，剩下的时间可以好好休息或者梳妆打扮一下了。

5.使自己放松

放松，是避免疲劳和紧张的唯一途径。对各位女士而言，想必再也没有什么比紧张和疲劳更容易使人苍老的了，同时，它们还会令女人变丑。如果你是一位家庭主妇，最重要的就是学会如何放松自己。当然，经常在家里做家务的主妇们有一个很大的优势，那就是随时可以躺下来。家庭主妇们完全可以躺在地板上，其实，地板比床更利于放松自己，而且硬邦邦的地板对脊椎骨有很大的益处。

朋友对于我们来说，无时无刻不在身边，当我们需要他们的时候，当自己遇到了不顺心的事情时，可以拨打电话给朋友，向他们道出内心的烦闷，甚至可以在朋友面前发怒、哭诉，尽情宣泄心中的不良情绪。

选择合适的心理医生

一些有过心理咨询经历的人总抱怨：“我有问题，需要心理咨询师的意见，不过他总是顾左右而言他”“我有个烦恼，希望心理咨询师可以帮助我解决，不过这些讨厌的咨询师总是含糊其词”。大部分来访者都是抱怨爱人、情人、同事、生活、工作，他们以为心理咨询师会对他们的故事感兴趣。事实上，心理咨询师并非只用耳朵听，更会用眼睛观察来访者的表情、情绪、无意识的动作，分析他们在如何说故事，哪些是他们的解释，哪些是他们的赋义。好的咨询师会激发来访者对自己的反思，让你从问题中看清自己，认清问题形成的过程和原因，渐渐修正自己对问题的看法与感觉。

小菲向心理咨询师讲述了自己的经历：

两年前，我刚刚大学毕业就进入了现在这家广告公司，在公关部门做客服工作。可能是因为我外表不错，口才也伶俐，很快就赢得了客户的青睐。没过多久，公司为了一笔大业务特别组建了一个团队，我虽然是新人，但一点也胆怯，凭着自己的口语和良好的沟通能力，我荣幸地成为了那个团队中的一员。最后，在我们整个团队的努力之下，公司如愿签了订单，而我的能力也得到了有效提高。

当我再次回到原来的部门，上司更加看重我，自己的工作也越来越得心应手，不过，我感到许多同事却开始对我“敬而远之”。有一天，我让同事小李帮我整理客户的资料，谁知，粗心大意的小李竟弄错了，我不禁有点生气：“像你这样的工作态度，永远都别想成为老板，只不过让你帮个忙而已，你还偷懒，这事情要是被客户知道了，怎么看我们公司呢？”工作结束了，我去了洗手间，一会儿，同事们走了进来，她们议论纷纷：“小李，你帮她多少都好像是应该的，不帮她呢，她就对着空气抱怨不止，搞得大家都没有心情，帮完了，她又威风了，也不知道，她心里怎么有那么多怨气……”突然，一阵委屈从心底涌出来，在同事们的眼里，原来我只是个不懂感恩的“怨妇”吗？从小，我就习惯了“有求必应”，难道我把这样一种情绪带到了工作中来？

显而易见，当小菲正在讲述自己经历的时候，心理咨询师也在观察着她的表情、行为等细微动作，以此判断她的心理症结。弗洛伊德说：“精神分析只能治好有精神分析头脑的人。”来访者才是咨询的主体，咨询师

只是一种工具，只是提供一种环境——帮助你觉察与分析自己。如果你只是想倾诉，那可以拨打免费热线，毕竟心理咨询成功的关键是来访者的准备、内在成长的动力和对于咨询是否真正投入。

1.心理咨询确实有效

不管是学习心理知识还是进行心理障碍的针对性治疗，当有各种心理问题侵袭时，一定要积极寻求治疗；那些曾经寻求帮助过的人，他们接受专业帮助的意愿会更高些，因此，早治疗可早摆脱心理障碍的困扰。

2.可先通过网络或是相关书籍，收集资料

借此可事先了解自己问题的严重程度及可能的治疗方式，同时了解需要支付的治疗费用。

3.害怕自己的情况不知如何启齿

心理咨询师团队的任何一位老师都经受过良好的培训，并有丰富的实战经验，会引导你把问题逐步说出来，因此不用担心自己的问题怎么说出口。

4.寻求适合自己问题的心理咨询师

心理咨询师咨询风格各异，所受训练也不尽相同，所以若过去你所找的心理医生未能提供满意的服务，你可考虑选择心理咨询师团队中你更认可、更匹配的心理咨询师进行心理治疗。

5.勇敢踏出那一步

向专业心理咨询师求助，可以改变你的人生历程。因此，心理咨询师再次提醒各位有心理问题困扰的求助者，避免受制于传统思维模式而延误心理治疗。

6.心情平静时去寻找心理咨询师

你是否渴望在心情特别糟糕的时候去见咨询师？事实上，这样做的效

果未必好。因为波动的情绪定会影响你对事物的看法，判断缺乏客观性，且此时也不大能听得进他人的建议。

7.不要花过多时间去倾诉

倾诉不要占时过多，二十分钟左右即可。倾诉是心理咨询所必需的，但注意不要纠缠细枝末节。咨询师在了解你的一般情况之后，更关注你对问题的感受和看法，不会就事论事给你一个结论。

8.心理咨询是绝对安全的

在咨询室里，你是绝对安全的：对于你的个人隐私，咨询师会为你保密，这一点请你尽管放心。保密是对从业者的基本要求之一，是每个咨询师必须遵守的行业信条。当然，前提条件是你所选择的心理咨询师是正规单位且取得相关资格证的专业人员。

9.主动投入

通常成熟的心理咨询师会根据当事人的情形与自己的特长考虑是否接受对方，并与他建立真正的咨询关系。一旦彼此形成咨询关系，来访者必须主动投入，不是等咨询师来做什么，而是来访者主动坦言自己的困惑与关系；假如来访者不主动投入，那心理咨询师就只有等待，毕竟他只是被动的、从属的。

10.注意与咨询师的关系

在咨询中，还有一个很重要的内容，就是当事人与咨询师的关系。有不少当事人在咨询的进程中对咨询师产生了意见，认为咨询师不够关心他，或者对咨询师有意见，但他们不敢说出来，怕得罪对方。这样一来，咨询就缺乏坦诚，咨询效果就会大打折扣。其实，这些感觉是非常重要的，应该随时让咨询师知道，以此来调整咨询关系和帮助咨询师发现当事人的移情。

11.时刻分析和关注自己

一旦我们决定看心理咨询师，接受心理学的帮助，就要拥有心理学头脑，在生活的每时每刻都要保持努力觉察和分析自己、寻找不同的处理问题的方法，接受不一样的视觉。这些工作不仅要在咨询室里做，更重要是在生活里做。

当我们面对心理咨询师的时候，需要告诉对方在新的方法和视觉下，同样的情景不同的内心体验和效果，这样才能与心理咨询师形成良好的互动。这就好比如果我们需要跋涉一段崎岖的山路，那就需要借助一根拐杖，让自己走得更稳当。当我们走得很稳健的时候，就可以随时扔掉那根棍子，而心理咨询师所扮演的就是拐杖的角色。

第5章

承担责任，不要放纵的借口

一个喜欢抱怨的人，总是想着逃避责任，寻找放纵自己的借口。远离抱怨，首先在于敢于承担自己的责任。别总是把抱怨挂在嘴边，做应该做的事情，不要把责任推卸给旁人。

借口，就是逃避困难和责任

人生不应该停留在等和靠上，成功不会像买彩票那样充满侥幸，唯一需要的是制订计划并立即执行。不等不靠，现在就去做，表现出来的是一个成功人士应有的精神风貌。如果你是因为没有信心才迟迟不敢行动，那么最好的消除障碍的办法就是立刻去做，用行动来证明你的能力，增强你的自信。与其找借口，不如找方法。

李大钊曾经说过：“凡事都要脚踏实地地去做，不弛于空想，不骛于虚声，而唯以求真的态度做踏实的功夫。以此态度求学，则真理可明。以此态度做事，则功业可就。”

面对很多事情，庸者只会说“那个客户太挑剔了，我无法满足他”“我可以早到的，如果不是下雨”“我没有在规定的时间里把事情做完，是因为……”“我没学过”“我没有足够的时间”“现在是休息时间，半小时后你再来电话”“我没有那么多精力”“我没办法这么做”……

乔在公司工作已经三年了，直到现在还原地踏步，仍然只是一个小职员。虽然他本人对此也感到十分苦恼，但是毫无办法。乔的主管看见他这个样子，真有种“朽木不可雕也”的感叹。

这次，公司业务部新拉了两个客户过来，主管想给乔一个升职的机

会，于是把乔喊到办公室：“这次你去吧，客户都是比较好说话的，只要你能随机应变，就一定能完成工作任务。”乔显得有点犹豫：“我……我……我怕我不行。”主管有点生气了，但还是规劝道：“你看跟你一起进公司的，发展最好的已经晋升到总经理的位置了，你还依旧这样，你也得为自己的工作尽份力量，为公司尽点责任。”看着恨铁不成钢的主管，乔硬着头皮接了下来。

等到第二天，该出发时，乔来到主管办公室，支支吾吾地说：“主管，看来我真的不行，我怕到时候把这个客户得罪了，把业务丢了就不好办了，你还是另派一个人去吧。”主管气得说不出话来，只是一个劲儿地叹气。

乔是真的没有能力吗？不，他只是在不断为自己逃避责任而寻找借口，诸如“我不行”“如果把客户得罪了怎么办，把业务丢了怎么办”等，这样的说辞其实就是借口。寻找借口的唯一好处，就是把属于自己的过失掩饰了，把应该自己承担的责任转嫁给社会或他人。这样的人，在公司里不会被老板信任，在社会也不会成为大家信赖和尊重的人。

然而，遗憾的是，在现实生活中，我们经常听到这样或那样的借口。上班迟到了，会说“路上塞车”“早上起晚了”；业务成绩不好，就会说“最近市场不景气，国家政策不好，公司制度不行”。这样一些整天寻找借口的人，只要他们用心去找，借口无处不在。结果，他们把许多宝贵的时间和精力放在了寻找合适的借口上，浑然忘了自己的职责所在。

吉姆在公司待了两年了，与他一起进公司的人早就升职加薪了，但吉姆还在原地踏步。每当老板对吉姆说：“吉姆，为什么不去争取做一些有挑战性的业务呢？你在底层锻炼的时间已经够长了。”这时吉姆总是说：“我觉得自己条件还不具备。”这时老板总会摇摇头，欲言又止。

最近，吉姆的一个同事又升职了，这样仅剩吉姆一个人在最底层了。吉姆觉得不服气，他去找老板说："为什么升职加薪都轮不到我呢？"老板说："吉姆，你还在为自己找借口，当你觉得条件尚不具备的时候，为什么不自己去创造一些条件呢？如果你将寻找借口的时间和精力用来寻找一些恰当的方法，我想不用你来找我，我会主动给你升职加薪的。"

假如所有的行动就好像发射火箭一样，在发射之前所有的设备、程序等条件都必须全部到位，行动只有在发射瞬间，那这个理由确实是合适的。然而，在我们现实生活中，如果真的等到全部条件具备齐全之后才开始行动，那就会丧失机会。"条件不具备"其实也是自己逃避责任的借口，以条件不具备作为借口不行动，只会延误计划，丧失机遇。如果我们觉得自己能力不足，为什么不去寻找自己到底哪里不足，而总是找借口说"我不行"？

1.找准自己的责任

不管做什么事情，都要记住自己的责任；不管在什么样的工作岗位上，都要对自己的工作负责。千万不要用任何借口来为自己开脱或搪塞，因为完美的执行力是不需要任何借口的。

借口是一面挡箭牌，这本身就是一种不负责任的态度。时间长了，对自己绝对是有害无益。若你花了太多的时间去寻找各种各样的借口，就会不再努力工作，不再想方设法地争取成功。对老板吩咐下来的任务，如果你不想做，就会去找一个借口；如果你想去做，就会去找一个方法。因此，找借口不如找方法。

2.不需要找借口

每天，我们需要对自己说："我是一个不需要借口的人，我对自己的言行负责，我知道活着意味着什么，我的方向很明确，我知道自己的目的

且怀着一种使命感做事情。我行为正直、自己作决定并且总是尽自己最大的努力。我不抱怨自己的环境，努力克服困难，不去想过去而是继续去实现自己的梦想。我有完整的自尊，我无条件地接受每一个人，因为在上帝的眼中，我们都是平等的，我不比别人差，别人也不比我好。作为一个没有任何借口的人，我对自己的才能充满信心。”

其实，在每一个借口的背后，都隐藏着丰富的潜台词，那就是逃避困难和责任。智者会说：“我会尽力想办法的。”当许多事情已经形成了定局，我们只能寻找方法，而不是寻找借口。

“找借口”是工作中最大的恶习

没有任何借口，不仅只是做好本职工作的前提，更是缓解工作压力的基础。在日常工作中，人们总会遇到各种各样的问题，这时，往往有两种态度：一是找借口躲避；二是找方法解决。不少人觉得，自己没办法解决问题，能躲就躲吧。其实，这就是找借口的典型例子。不同的态度，不仅是不同工作效果的根源，更是不同命运的根源。那些主动找方法解决问题的人，必然是发展最快最好的人；而那些不断找借口的人，必然是最没有发展的人。

“找借口”是工作中最大的恶习，是一个职业人逃避应尽责任的表现，它所带来的，不仅仅是工作业绩的失败，甚至会给公司和社会带来不

可想象的损害。因此，要想成为一名优秀的职业人，需要做好本职工作，在任何时候，都不要找借口。

小张毕业后的第一份工作，是为公司的老总做秘书，而她做好的绝不仅仅是本职工作而已。工作没多久，小张便了解到老总患有一种慢性病，严重时会影响到工作，对此，小张显得格外小心。

有一天，小张在上班路上发现了一家药店的广告，正在介绍一种可以治老总病的特效药。于是，小张赶紧下车，将药买下，没想到这一耽搁，让从不迟到的她晚到了半个小时。她到了办公室，正碰到老总急着找她要资料，因此，他将迟到的小张很不客气地训斥了一顿。在那一刻，小张觉得自己很委屈，当时就想解释，但转念一想：不迟到是公司的规定，有什么理由不遵守呢？于是赶紧道歉，一如往常地工作。

下班了，小张悄悄地将药放在了老总的桌子上，准备离开。老总发现了药，一下子反应过来，当他得知真实情况的时候，对自己早上的言行感到内疚，问小张："你为什么不早说呢？"小张只是很诚恳地说："您对我的批评是对的，不迟到是每个员工都应该遵守的规定，不论出于什么理由，我都不能找任何借口。"

许多人在工作中秉承这样一个理念：干好工作就行了，其他事情跟我有什么关系呢？对此，许多人问小张是如何做到的，小张笑着说："其实我也只是转换一下思考问题的角度而已。如果只从自己的角度与感受出发，当然做不到。但是，只要我们围绕工作应尽的责任来思考，就会觉得非做不可！因为一个对自己负责的人，是没有任何借口的！"或许，小张的这几句话对那些总在找借口的职业人有很大的帮助。

此外，在工作之余，我们还可以通过一些小技巧来获得快乐。

1.与身边的上司同事保持良好关系

我们最大的苦恼就是无权选择和什么人一起工作，假如与其他人的关系不好，那工作就可能变成苦恼之源。所以，在工作中需要与上司、同事保持良好关系，需要注意的是不要过于责备别人；不要在意上司的批评；不要讲闲言碎语；不要与人争辩。

2.以自己的工作为荣

即便你并不是很喜欢你的公司，也应该努力把工作做好。因为，只要你努力做好工作，就能够获得成就感，并且从中找到工作目标。假如你觉得自己的工作没有任何意义，那你内心就会感觉到无穷的压力，你根本没法在工作中获得快乐。可以说，良好的工作态度有助于得到上司的青睐以及同事的赞赏。

3.不要将工作带回家

下班之后基本上就自由了，严格区分工作与生活，不能把任何工作带回家，包括检查电子邮件或考虑工作安排。当晚上来临，就努力把白天的工作忘掉，因为你在家里不可能完成什么工作，不如把这些事情都留到明天。

4.不要承担巨大压力

许多公司都有巨大的销售计划和利润目标，这样的公司理念很容易将压力带给员工，使得工作环境也变得压力十足。但是，作为员工，我们没有必要强迫自己背负这种重压。不如把精力放在工作上，反而能为公司创造更大的价值。

5.不要闲言碎语

人们很容易被办公室的八卦对话所吸引，或许从这些流言中获得暂时的快感。然而，这些快感给别人带来的伤害却是长时间的，很可能破坏你

与其他人之间的关系。所以，不要在别人说闲话的时候煽风点火，而应表现出一些善意。假如你说过别人的闲话，那同样的事情也有可能发生在你身上。

6.午休时好好放松

一旦有时间就尽量摆脱充满压力的工作环境，换个环境可以让头脑更清醒。假如你把所有的时间都花在办公室里，你甚至会有患上幽闭恐惧症的风险。在午休的时候，可以找个优雅的咖啡馆或小花园放松一下，这可以帮助自己恢复精力。离开了办公地点，不论是独处还是找朋友聚聚，都是很好的选择。

一些人在工作失败后总是为自己找借口，从来不反省自己的过失，结果，非但自己本职工作没做好，反而搞得心情很差。其实，找一次借口并不可怕，可怕是将逃避和推脱变成了习惯，到最后，就连借口也成了自欺欺人的手段，这无疑会成为阻碍自己向前发展的枷锁。

责任使人进步，逃避使人退步

爱默生说：“责任具有至高无上的价值，它是一种伟大的品格，在所有价值中处于最高的位置。”如果你想要更出色，就不要害怕承担责任，因为责任是你走向成功的起点，责任是超越自我的必要条件，责任往往能成就一个人的成功。无论做什么事情，只要认真地、勇敢地担起责任，你

就能得到别人的尊重。

在生活中，每个人都扮演着不同的角色，而每种角色又承担着不同的责任，我们最大的成功就是完成自己的责任。内心的责任感，会让我们在困难时咬牙坚持下去，在成功时保持清醒的头脑，在绝望时坚决不放弃。承担责任，在某些时候，并不单单为了自己，也是为了别人。

在生活中，有许多习惯寻找各种理由为自己没有完成的事情推卸责任，他们将本该自己承担的责任转嫁给他人。一个逃避困难、不敢承担责任的人，势必缺乏做事的能力和魄力，没有人会相信他能做好事情。

有一个小姑娘到东京帝国酒店做服务员，这是她进入社会的第一份工作。但是，让她万万没想到的是上司竟安排她去洗厕所。而且，上司对她的工作要求很高：必须把马桶抹洗得光洁如新！

怎么办呢？是接受这份工作，还是另谋职业？小姑娘陷入了矛盾之中，这时，一位曾洗过厕所的先辈不声不响地为她作了示范，当他把马桶洗得光洁如新后，他竟然从中舀了一勺水喝了下去。看到对方的工作态度，小姑娘明白了什么是工作，什么是责任。

于是，她漂亮地迈出了职业生涯的第一步，同时，也踏上了成功之路。后来，她所清洗的厕所，从来都是光洁如新，而且，她也不止一次喝过马桶里的水。几十年过去了，她成为日本政府的邮政大臣，她就是野田圣子。

在做事的过程中，放弃责任就等于放弃了成功的机会，因为强烈的责任感能激发一个人的潜能。我们经常可以看见这样一些人，他们缺乏最基本的责任感，当有人强迫他们工作的时候，他们才勉强应付工作，这样，他们又怎能发挥出自己的潜能，怎能有自己的魄力呢？

1.别逃避责任

在生活中，害怕承担责任的人屡见不鲜，但如此逃避责任是一件不光彩的事情。那些不敢承担责任的人，他们往往打着这样的借口："这不是我的错""我不是故意的""本来不会这样的，都怪……""这不是我做的事情"……其实，这些都是他们逃避责任的借口，他们全盘否认自己的过失，推卸责任。只是，在他们成功地推卸责任的同时，他们也失去了做事应有的魄力。一个敢于承担责任的人，他总是充满着魄力，浑身洋溢着无尽的神采。

2.别推卸责任

在一个严重错误发生之后，大多数人会为自己找借口，或者把责任推到相关的人身上，因为害怕承担自己抉择的后果，他们选择了逃避责任、推卸责任。在任何年代，只有那些敢于承担责任的人才是勇敢的，无私的，责任是他们不断前进的动力。

责任使人进步，逃避使人退步。一个优秀、有魄力的人，应该怀有很高的责任感，对自己负责，对自己所做的一切负责任，无论那些事情是对还是错。但是，在现实生活中，敢于承担责任的人早已经微乎其微。

下属对领导，应是绝对服从

下属对领导，应该是绝对服从，当然，这只局限在工作中。但即使只

是工作上的事情，许多下属也难以做好，因为他们总是喜欢推卸责任。在工作中，每个下属都应该有责任心，责任是个人对工作所负责的认识、情感和信念，以及与之相应的遵守规范、承担责任和履行义务的自觉态度。责任是一个人应该具备的基本素养，是健全人格的基础，也是德商的组成部分。对下属而言，责任是个人价值实现的基础，因此，培养对工作的责任心，就是对自己职场生涯发展负责。

在工作中，下属应该努力把自己培养成一个负责的员工，绝对服从于领导的指挥。若下属可以主动、自觉地尽职尽责，就可以获得满意的情感体验，同时，还可以赢得领导赞许的目光。或许，你的工作能力是不如意的，但你的工作态度是极其值得赞许的。

上周一，王经理将接待客户的事情交给了下属小张，当时，距离客户实际到达的时间还提前了好几天。因此，王经理是这样交代的："之所以提前这么多天向你布置这个工作，是因为这个客户很挑剔，比如所订的酒店以及餐饮，他都有很严格的要求，因此你需要花几天的时间去准备，切记要做到万无一失。"小张点点头，拍着胸脯保证："王经理，放心吧，我一定会办好的。"

谁知，经过了这么多天的准备，在接待客户时还是出现了问题。那位脾气很大的客户直接打电话给向公司投诉，而负责这件工作的王经理首先就被批评了一顿。王经理回到办公室，找来了具体负责接待客户的小张，质问道："我给你一周的准备时间，你都去干吗了？"小张低着头，辩解："本来我也是做足了准备工作的，谁料，这个客户比传说中还苛刻，我真是受不了，宾馆无线网络设置不太好也能成为他投诉我们的理由……"王经理听了很生气，说道："事情没办好，你倒推卸起责任来，我当时可是很明白地告诉你，这个客户很重要，同时很挑剔，希望你能与之好好协商，将

所有的住宿工作安排妥当，结果你呢？现在竟然跟我东扯西扯，你觉得这是你应有的工作态度吗？”小张嘟哝着：“这事情本来就是这样。”王经理挥了挥手：“现在我也不想跟你说下去，你下去写份检讨书。”

在案例中，小张所说的“本来我也是做足了准备工作的，谁料，这个客户比传说中还苛刻，我真是受不了，宾馆无线网络设置不太好也能成为他投诉我们的理由……”“这事情本来就是这样”，这些都是推卸责任的借口。

长官要为士兵树立榜样，要为下级的行动负责；同时，下级也要以同样的责任感和行动回报长官。在生活中，若我们能够主动、自觉地尽职尽责，就可以获得满意的情感体验；相反，当你没有责任心，不能尽责的时候，就会产生负疚和不安的情绪。因此，对我们来说，责任心是健全人格的基础，是未来能力发展的催化剂，更是我们成功所必需的一种条件，它能够帮助我们成长和独立。履行自己的义务是责任，承担自己的失败与过错，这也是一种责任。在任何时候，我们都不要为自己的错误寻找借口。

从少年时代开始，人们就应该开始学习和养成听从责任的召唤这样一种恭顺的心态，即便生命是有限的，我们也必须听从责任的召唤，直到我们生命的最后一刻。责任，从其最纯粹的形式来说，它具有强制性，以至于一个人在尽职尽责的过程中彻底忘却了自身的存在，这就是责任的核心所在。它要求一个有责任感的人在履行职责的过程中不能患得患失，而应当不折不扣地完成自己的职责。

1.尽职尽责地工作

当你总是推卸责任，不能尽责的时候，领导就会觉得你是一个毫无作为的人，既然已经做错了，失败了，为什么连责任也一起推掉了呢？因此，如果工作中真的需要自己去承担某一部分责任，作为下属，我们应该当仁不让，努力做一个绝对服从的好员工。

2.服从领导

在职场或官场中，这样的下属不在少数：他们在应承的时候，总是拍着胸脯说“没事，包在我身上”，一旦事情没办好，就开始推卸责任。其实，这种类型的下属只会让领导厌恶，从而不再信任。因此，下属对于领导，一定要绝对服从，绝不推卸责任。

3.敢于负责

在工作中，下属对领导的服从不仅是行为上的，还需要在语言中表现出来。比如，接到领导布置的任务，只要自己能应付过来，就需要顺从，“行，没问题”；当工作在进展途中出现了一些问题，也要善于服从，接受领导的批评，主动承认自己的失误，“实在不好意思，这次都是我的疏忽大意，我会负责到底的”，不仅说到，更需要做到。这样领导才会感觉得到你内在的责任心，才会信任于你。

丘吉尔曾这样说过：“伟大的代价，即是责任。”这句话一次又一次被那些为人类幸福而奋斗的人所证实。不懂得负责、不懂得责任重要性的人难以获得成功，更难以赢得领导的青睐。那些能够作出一番成就的人，都是懂得为自己的过失埋单并且敢于承担责任的人。

承担属于自己的责任

不管我们处于什么样的环境，唯一不能放弃的就是责任；不管别人对你是褒还是贬，都需要一如既往地走下去，接受了，就意味着你要负责到底。谁放弃了自己的职责和责任，谁就放弃了人生的基石。从来没有成功者会做责任的逃兵，从接受任务那天起，他们就认定了自己的责任，并且愿意承担自己的责任，永远不放弃。

众所周知，麦克阿瑟是一位备受争议的人物。在他的心里，充满着强烈的成功欲和表现欲。麦克阿瑟的母亲出身于贵族家庭，在他很小的时候便向他灌输功名思想，母亲如此的做法使得他从小就树立了强烈的责任意识。不过，另一方面，这也让他养成了一些坏习惯，比如好大喜功，争强好胜，对于一些小事情总是不屑一顾，不愿意去做。

1903年，年仅23岁的麦克阿瑟以优异的成绩毕业于西点军校，被分配到工兵部服役。刚开始，他被安排到萨克拉门和圣华金谷参加一座矿井的管理工作。不过，麦克阿瑟觉得这项工作很没趣，没有任何挑战性，于是情绪变得很低落。

第二年，麦克阿瑟与第三工兵营一起被派往菲律宾执行任务，回国后进入华盛顿的一所高级工程师学校深造。在学习期间，幸运的他成为了西奥多·罗斯福总统的兼职低级军事助手。与学校里枯燥的学习相比，白宫里的社交活动更令他感兴趣，以至于他荒废了学业。这使得学校的校长大为不满，他曾抱怨："我不得不遗憾地如实报告，麦克阿瑟中尉缺乏职业热情，他表现平平，比西点军校的履历表上所记载的要低能得多。"

后来，毕业后的麦克阿瑟被分配到密尔沃基，主要是进行一些工程计划和监督工程实施情况。这对争强好胜的麦克阿瑟而言，这一点点权力并不能使自己满意。他经常离开自己的工作岗位去寻找一些他更感兴趣的事情，对此，他的长官表示："我认为麦克阿瑟中尉在执行任务时，没有表现出推荐书中所列出的优点，他除了相貌英俊、仪表堂堂之外，所履行的

职责无法令人满意。”

这样的评论被麦克阿瑟知道了，他很是不满，当即反驳说：“在任职期间，我一直认为自己行为得体，遵守纪律，没有什么出格之处，少校如此评价令人伤心。如果这样下去，我认为自己没有必要在军中再继续干下去了。”不仅如此，他还越级上报给更高的长官，认为可以为自己讨回公道，出乎意料的是，麦克阿瑟当场被批评，长官指责他不应该越级汇报，说他这种违反规定的行为本身就证明别人对你的报告是正确的。

我们可以猜测出后来的结果：经过这样一番考验之后，麦克阿瑟才真正地成长起来。他没有因外界的非议和指责而堕落下去，而是更勇敢地承担起了肩上的责任，最终走向了成功。

艾森豪威尔曾说：“根据我想象中的制度，美国每一位年轻男子，不论他在生活中的地位如何，也不管他将来有什么计划，都应受49周——一年扣除三周假期的军事训练。政府会为他们提供膳宿、服装和其他必需品，不过受训人员只能得到少量的津贴，比如说每个月5—10美元，作为零用钱，这样做对于抵制不负责任的行为和防止犯罪大有好处。”其实，西点军校的这个训练还有一个好处就是：那些成长起来的西点学员将随着内心责任感的加深而变得更有原则，不再为诱惑所迷惑，也不会再为任何事情而忘记自己的责任。

华盛顿担任过大陆军总司令，带领美国人民取得了美国独立战争的胜利，后来又担任美利坚合众国总统。不管他担任什么职务，他在履行自己的职责时总是坚定不移，从来不计较个人得失。

有一次，美国政府就美驻英大使和英国签订一个条约问题展开了激烈的争论，大多数人都希望华盛顿拒绝签订这一条约。但考虑到个人道义与国家声誉，华盛顿没有苟同大多数人的意见。最后，社会上掀起了许多反

对这一条约的抗议运动，人们把内心的怒火发泄到华盛顿身上，一些情绪激烈的抗议者还向华盛顿扔石头。虽然这样，华盛顿依然尽职尽责，顶着巨大的压力签署了这个条约。

独立战争胜利之后，华盛顿以其卓越功勋而成为美国最高领导者，这本应是顺理成章的事情。这时，一些阶层和集团想效仿英国君主制，希望他登基称国王，他统率的军队也表示支持，但华盛顿坚决反对。他这样写道："让我恳求你们，如果你们对你们的国家还有一丝尊敬之情，如果你们还为你们自己和你们的子孙后代着想，或者你们还尊重我，那么就从你们的头脑中彻底清除这种念头，我认为这个念头包藏着可能降临我国的巨大灾难。"于是，他主动辞去了大陆军总司令职务，不当国王，而是恢复了一个普通人的身份。

华盛顿在任职与辞职的时候，他都是以国家和人民的利益为出发点，从来不为个人索取什么，可谓大义所在。为了国家和人民，鞠躬尽瘁，他死而后已，而这恰恰是职责与责任的本质所在。

1.不做逃兵

一旦我们接受了某种使命，比如成了某公司的一名员工，我们就应该为自己的所作所为负责到底，永远不要成为使命的逃兵，也不要总是抱怨这抱怨那。因为这一切都是我们的责任。如果你总是觉得别人对你的评价是不中肯的，那只能证明你没有履行好自己的职责和责任，这就是西点军校告诉我们的真理。

2.不被外界所迷惑

不管我们处于什么环境，都不要被外界的诱惑所迷惑，一定要坚持自己的使命和职责，这样我们才能成为一个有责任感的人，才能真正地成熟起来。诚然，在履行职责的过程中，我们可能会遇到一些诱惑，心灵会短

暂地被迷雾所遮盖，这时如果不坚定自己的信念，就有可能会做出一些有违于自己责任感的事情，甚至会破坏自己已经履行的职责。

在任何时候，我们都需要坚定信念，保持高度的责任感，这样会让我们抵制外界的诱惑，成功地履行自己的职责。为了履行自己的责任，可以不计较个人荣辱得失，心灵不再被迷雾所遮盖，不被任何诱惑吞噬，做到了这样，我们就可以称为一个有责任感的人了。

责任心决定着你的态度

责任是无处不在的，不管是一名军人还是一个普通人，都离不开责任的约束。责任和权利是对等的，当我们在享受权利的同时，也要尽到自己的责任。每个人都需要具备主人翁的心态，为自己或自己的团队所做的事情负责。对于责任性质的界定是异常宽泛的，几乎没有明确的规定，比如生活、社交或伦理方面的，包括遵守纪律、维护纪律的责任；警惕色情、不进行性骚扰的责任；保持等级、不超越职权的责任等。

关于责任，不论是文字还是口头的，都需要认真对待。不仅如此，还需要对社会道德方面负起责任，起码需要把扰乱秩序和破坏纪律的过错报告给上级。如果知情不报，则需要跟犯错者一起受罚。这样的严格要求，能够让我们时刻想着自己的责任，处处履行自己的责任，绝不辜负他人对我们的信任。

1.以主人翁心态做事

一个人有了责任心，有了主人翁的心态，才会认真地思考、勤奋地工作，才能按时、按质、按量地完成工作。在生活中，不管我们是一名默默无闻的员工，还是有权有势的领导，都须具备责任心，凡事尽心尽力去做，以主人翁的心态和身份投入到事业中去，在事业中寻找自己的永恒。

2.敢于承担过错与失败

责任无处不在，我们时时刻刻被要求做到尽职尽责。不管自己遭遇什么样的环境，都必须学会对自己的一切行为负责。尤其是在犯错与失败时，不要去寻找借口，而应承认自己的错误，意识到自己的责任。

责任并不是一个美好的词语，它所带给人们的是岩石般的冷峻。当我们熟悉这个词语背后的含义的时候，责任已经作为一份成年的礼物悄然落在我们的肩上。我们需要时时呵护它，而它所能给予我们的却是灵魂与肉体上感到的痛苦，这就是责任。虽然，承担责任的过程是痛苦的，但它最终带给我们的是无价的珍宝——人格的伟大。

第6章

与其抱怨，不如开始行动

荀子曰："坐而言，不如起而行。"意思是，与其坐在那儿说，不如起来马上行动。以满腹牢骚对待生活，生活回馈给你的将是无穷尽的烦忧；以积极态度应对挫折，生活将回赠给你满满的快乐。与其抱怨，不如开始行动。

瞻前顾后，往往错失良机

俗话说："双鸟在林，不如一鸟在手。"你若想成为一名非同凡响的角色，就必须学会在两难的选择中，敢于决断，敢于行动。

生活中处处充满机遇，社会上的每一项活动、人际中的每一次交往、工作中每一次得失等，都可能是一次选择、一次机遇、一次引导你冲破人生难关的契机。而关键在于你自身的素质，在于你是否能发现并抓住每一次机遇。

机不可失，时不再来，这是一个浅显而又深刻的道理。在许多情况下，机遇是不允许有更多的时间让你来左顾右盼的，而且必须由你自己来拿定主意。如果任由自己养成要别人替你拿主意的坏习惯，那么在关键时刻，特别是处在"时不再来"的时候，你往往难有自己的决断。因此，平时不要受别人的影响，应坚持自己的看法，用自己的头脑作决定。

对于每一个人来说，犹豫不决、优柔寡断都是成功路上的一个非常阴险的对手，因此，在它还没有伤害你、破坏你、限制你一生的机会之前，你要趁早把这一仇敌置于死地。一个人如果没有果断决策的能力，那么他的一生就像浩瀚大海中的一叶孤舟，只能漂流在狂风暴雨的汪洋大海里，永远达不到成功的彼岸。

一位富翁的狗在散步时跑丢了，于是富翁在当地报纸上发了一则启

事：有狗丢失，归还者，付酬金1万元。同时附上小狗的一张彩照。

一位沿街流浪的乞丐在报摊看到了这则启事，他立即跑回他住的窑洞，因为前天他在公园的躺椅上打盹时捡到了一只狗，现在这只狗就在他住的那个窑洞里拴着。果然是富翁家的狗，乞丐第二天一大早就抱着狗出了门，准备去领1万元酬金。当他经过一个小报摊的时候，无意中又看到了那则启事，不过赏金已变成2万元。乞丐又折回他的窑洞，把狗重新拴在那儿。到了第4天，悬赏额果然又涨了。

在接下来的几天时间里，乞丐天天浏览当地报纸的广告栏，当酬金涨到使全城的市民都感到惊讶时，乞丐返回他的窑洞。可是那只狗已经死了，因为这只狗在富翁家吃的都是鲜奶和烧牛肉，对这位乞丐从垃圾筒里捡来的东西根本受不了。

其实，机会无时无刻不在，每一个新时代都会造就一批富翁，而每一个富翁的特点都是当别人不明白时，他明白自己该做什么；当别人不理解时，他理解自己在做什么。所以，当别人明白时，他已经成功了；当别人理解时，他已经富有了。或许有人会说，当初我要是做，一定会比他们赚得更多。不错，你的能力或许比他们强，你的资金或许比他们多，你的经验或许比他们丰富，可就是因为你的一念之差，决定了当初你不会去做，你的犹豫决定了你在若干年后的今天依旧贫穷。

一旦发现好的机会，你就必须抓紧时间，马上采取行动，才不至于贻误时机。不要对一个问题不停地思考，一会儿想到这一方面，一会儿又想到那一方面。你该把你的决定作为最后不变的决定。这种迅速决断的习惯养成以后，你便能产生一种相信自己的信心。如果你犹豫、观望而不敢决定，机会就会悄然流逝，让你后悔莫及。

在生活中，不论要干什么，都要把握住适当的分寸和尺度，所谓“该

出手时就出手”。一旦错过了最好的时机，你可能会一无所得。在两难的抉择中，敢于决断是一个人成功的关键。假如我们面对选择时犹豫不决，无法果断地作出决定，将会一事无成，甚至有可能埋下祸根，为自己带来一连串的打击。然而，在实际工作中，并不是每个人都有果断地作出决断的勇气。有些人往往优柔寡断，患得患失，瞻前顾后，结果错失良机，甚至给自己造成很大的损失。

1.先斟酌，再作决定

犹豫不决的人可以说是世界上最可怜的人，也是最容易失败的人。威廉·惠德说：“如果一个人面对着两件事情犹豫不决，不知该先去做哪一件事好，那么他最终将一事无成。他非但不会有什么进步，反而会后退。”唯有那些具有如恺撒一般的特性——先聪明地斟酌，再果断地决定，然后坚定不移地去行动的人，才能在任何事业上都做出卓越的成绩来。

2.马上做出行动

不要把一件事情放到明天，现在就开始积极地行动起来。努力地尝试作出果断的决定，强迫自己来实行。不管你面对的情况多么复杂，也不要有任何的犹豫。在你决定做某一件事情之前，你应该对各方面的情况有所了解，你应该运用全部的常识和理智慎重地思考，给自己充分的时间去想问题。一旦作好了心理准备，你就要果断决定，一经决定，就不要轻易反悔。

3.保持冷静的头脑

一个人在做事之前，首先应该保持冷静的头脑，对自己所要做的事情有一个正确的判断。盲目行事，是导致许多人失败的一个重要原因。而那些最终能够突破人生的难关、赢得成功的人，大都有着一个共性：能够在正确的决策之下，勇敢果断地行事。

当然，这种在两难中作出选择的勇气，必须以敏锐的洞察力为基础。如果没有经过思考，没有看清问题，就盲目地作出决断，非但无助于成功，反而可能使你损失惨重。要知道，没有经过慎重思考，盲目决定的勇气只是匹夫之勇。

光想不做，你能干啥

有人说自己是一座宝藏，挖掘得越深，获得的越多。也有人说，自己是一匹奔腾的野马，重要的不是学会怎样提速，而是控制自己。

人有各种各样的优缺点，其中便包含一种惰性，这种惰性经常导致计划落空。人在计划落空时又很容易形成新的计划，而新计划其实就是旧计划的翻版。结果就是，一项计划翻来覆去，却总没有结果。这是十分悲哀的事情。想要成就一番事业，必须雷厉风行，要有一种魄力，说干就干，一点也不拖延。这是成就事业的一种品格。

朗费罗说："我们命定的目标和道路，不是享乐，也不是受苦，而是行动。"胸有壮志宏图，若不能付诸实施，结果只能是纸上谈兵，毫无实际意义。

拖延是一种坏习惯，它会让人在不知不觉中丧失进取心，阻碍计划的实施。一个人如果进入拖延状态，就会像一台受到病毒攻击的电脑，效率极低。拖延最常见的表现就是寻找借口。虽然目标已经确立了，却磨磨蹭

蹭，像个生病的羔羊，没有一点精神。不论什么时候，他总能找到拖延的理由，计划自然一拖再拖，成功也就遥遥无期。

安尼瓦尔是一名销售员，他为自己制订了一个完整的销售方案。他第一天到公司上班的时候，并没有去做销售工作，而是在办公室里听歌，他觉得他的销售方案太完美了，不用那么急着去做工作。第二天他仍然没有去做销售，他对自己说，我是学营销专业的，销售对我来说太简单了，不用急。结果一个月过去了，他没有一点销售业绩，老板只好把他开除了。但是老板很惋惜，因为他的销售方案确实非常完美，只是他没有立刻去执行。

对于一个公司来说，很有可能会因为拖延而损失惨重。1989年3月24日，埃克森公司的一艘巨型油轮触礁，大量原油泄漏，给生态环境造成了巨大破坏。但埃克森公司迟迟没有作出外界期待的反应，以致引发了一场“反埃克森运动”，甚至惊动了当时的总统布什。最后，埃克森公司总损失达几亿美元，形象严重受损。

那么，对于一个人来说，拖延又会带来怎样灾难性的后果呢？对一个渴望成功的人来说，拖延将成为制约他取得成功的桎梏。在公司没有一个老板喜欢有拖延习惯的员工，在家里没有一个妻子喜欢有拖延习惯的丈夫。

社会学家卢因曾经提出一个概念，叫“力量分析”。他描述了两种力量：阻力和动力。他说，有些人一生都踩着刹车前进，比如被拖延、害怕和消极的想法捆住手脚；有的人则是一直踩着油门呼啸前进，比如始终保持积极、合理和自信的心态。

刚开始，哈里仅仅是一名美国海岸警卫队的厨师。一个偶然的机会，他为同事代劳了写情书这件事，然后他逐渐喜欢上文字写作。

有了浓厚的兴趣，哈里开始给自己制定目标：花1—3年的时间写一本长篇小说。说干就干，他马上行动起来，每天不间断地写东西，不知道疲倦。把写好的文章寄发给各大杂志报社，希望能够得到人的认可。

八年之后，哈里一篇仅有600字的作品终于在杂志上刊登了。然而，他并没有对此灰心丧气，而是希望能在这件事上坚持到底。工作退休后，他每天坚持写作，稿费很少，他的欠款却越来越多。虽然这样，哈里依旧怀揣着当初喜欢写作的心情，朋友们表示不理解，纷纷劝导："请忘掉作家梦吧。"甚至还帮他介绍了一份工作。不过哈里却说："我需要不停地写作，因为我喜欢，且我想成为一名真正的作家。"

四年之后，哈里的小说《根》终于面世，在当时引起了巨大轰动，光是在美国就发行了530万册。后来，这部小说还被改编为电视剧，有超过13000万的观众看过这部电视剧，在当时创下了电视剧收视率的历史最高纪录。

哈里终于成为著名作家，不仅收入超过500万美元，而且获得了普利策奖。

所以，有了目标后，最重要的就是放弃任何借口，立刻将它付诸实施，并且坚持到底。我们常说，千里之行始于足下，就是要求我们行动起来，将心中的梦想通过立刻行动变成美好的现实。如果只是因为自己有一个美好的梦想就沾沾自喜，而忘记了行动的力量，那么无论天上的星星有多么漂亮，你也不能把它捧在手中；无论对岸的风景有多么诱人，你也不能亲眼目睹；无论海中的贝壳有多么美丽，你也不能够把它挂在你的胸前。

那么，拖延心理是怎么产生的呢？

1.潜在的恐惧心理

许多恐惧是我们意想不到的，许多人明明对一些事情充满着恐惧却不清楚自己到底在害怕什么，有的人声明自己并不害怕但他一直在逃避某些事情，这些就是潜在的恐惧心理。有的人越是逃避，越是害怕，为了逃避，只能慢慢拖延，比如，害怕繁重的工作，于是早上不想起来，总觉得有一种畏难情绪。

2.时间作息混乱

通常，拖延症患者的时间作息表都是混乱不堪的。他们常常会盲目乐观地估计自己的能力，于是打算在睡前加班将工作完成，事实上他们根本不清楚自己是否能顺利完成；恐惧确切的时间比如，总是等到主管催了一次又一次，才会交上自己的工作任务；没有具体的规划，拖延症患者根本不知道自己完成一件事情需要多久，也没办法说出自己的具体计划，他们总是想捍卫自己的自由，甚至想逃避时间的控制。

3.对最后期限的恐惧

拖延症患者行为与心理的矛盾表现为：一方面，他们害怕时间不够用，担心没有时间；另一方面，他们不到最后一刻决不采取行动，几乎不会提前开始行动。哪怕是之前开始行动，也没办法坚持下去。对于大部分喜欢拖延的人而言，他们的心路历程就是这样。

4.追求完美犹豫不决

有的人喜欢追求完美，当他们在做一件事情的时候，总是犹豫不决，改来改去，临到紧急关头也拿不定主意，无法作出决断。这些问题导致他

们对自己应当做的行为一拖再拖。

你是否有这样的表现呢？今天的事拖到明天做，六点钟起床拖到七点再起，上午该打的电话等到下午再打，每天要写的文案攒到最后时刻写，今天要洗的衣服拖到明天再洗，这个月该拜访的朋友拖到下个月再拜访。如果你有这些表现，那么你是一个十分拖延的人，应该立刻改掉这个坏习惯。

别在抱怨中把事情拖到明天

曾有人问一个做事拖拉的人："你一天的活是怎么干完的？"这个人回答说："那很简单，我就把它当作昨天的活。"这就是拖沓的习惯。其实，拖沓岂止是把昨天的活拖到今天来干，有人给拖沓下的定义为：把不愉快或成为负担的事情推迟到将来做，特别是习惯性这样做。一个做事拖沓的人，生活中大部分都在浪费时间，做一件事也需要花很多时间来思考，担心这个或担心那个，或者找借口推迟行动，但最后又为没有完成目标任务而后悔，这就是"拖沓者"典型的特点。拖沓对于成功来说，是一块讨厌的绊脚石，拖沓的习惯会阻碍目标任务的完成。所以，要想获得成功，就需要立即向目标奋进，拒绝拖沓。

说到拖沓的习惯，相信许多人都不陌生，因为在平时生活中，随处可以见到它的身影。在该工作的时候上网冲浪，总是对自己说："明天再去做吧。"但是，正所谓"明日复明日，明日何其多"，在拖沓蔓延的过程

中，我们错过了许多完成目标的机会。

1.做完事情再玩

假如你觉得自己蛮有工作能力，可以在很短的时间内将比较困难的事情做完，那就应该在接到工作任务时马上动手做，这样你完成事情之后就可以玩得更开心，而不是在玩时总想着工作的事情。

2.给自己定期限

即便你认为时间的紧迫感可以令自己发挥水平，也需要给自己制定一个期限。假如你曾经有过几次临时抱佛脚的经历，却屡遭失败，那最好还是不要尝试这种方法。

3.学学时间管理

如果你经常被琐事烦恼，那就应该学会时间管理，最简单的方法就是要明确自己的目标，经常想想这件事不做对自己以后有什么影响。当你有了时间管理观念之后，往往能够及时地完成事情。

通常来说，一个人成就的大小取决于他做事情的习惯，克服拖沓是做事情的一个重要技巧。我们要想完成既定目标，取得成功，就应该培养做事不拖沓的习惯，通过逐渐学习“吃掉那只青蛙”，不断地重复。一旦养成了这个习惯，“完成目标，马上行动”就会成为一件自然而然的事情。

行动比抱怨更能解决问题

英国著名作家奥利弗·哥尔德斯密斯曾说：“与抱怨的嘴唇相比，你的行动是一位更好的布道师。”面对生活里的一丁点不如意，人们最普遍的习惯是抱怨，不停地抱怨，抱怨父母不理解，抱怨社会太现实，抱怨朋友的欺骗，于是，抱怨成了一种习惯。然而，那些不如意的事情、悬而未决的事情并没有得到真正的解决，自己的情绪反而因为抱怨而陷入了恶性循环，这就是抱怨所带来的负面影响。我们所生活的世界每天都在发生变化，关键的是，我们自己为这个世界带来了什么样的变化？

从前，有一位年老的印度大师，在他身边有一个喜欢抱怨的弟子。有一天，印度大师让这个弟子去买盐，等到弟子回来后，大师吩咐这个喜欢抱怨的弟子抓一把盐放在一杯水中，然后喝了那杯水，弟子按照师傅的吩咐一一做了，大师问道：“味道如何？”龇牙咧嘴的弟子吐了口唾沫，说道：“苦！”

大师一句话没说，又吩咐弟子把剩下的盐都撒入了附近的一个湖里。听从师傅的吩咐，弟子将盐倒进湖里。大师说：“你再尝尝湖水。”弟子用手捧了一口湖水，尝了尝，大师问道：“什么味道？”弟子回答说：“味道很新鲜。”大师继续追问：“那你尝到咸味了吗？”弟子回答说：“没有。”这时，大师才微微一笑，说道：“其实，生命中的痛苦就像是盐，不多，也不少，在生活中，我们所遇到的痛苦就这么多，但是，我们体验到的痛苦程度则取决于将它放在多么大的容器里。所以，面对生活中的不如意，不要成为一个杯子，老是抱怨，而要成为湖泊，去包容它，通过实际行动来改变自己的现状。”弟子若有所悟地点点头。

什么是抱怨呢？有人说这是一种宣泄，一种心理平衡，似乎抱怨可以将那些不如意的事情发泄出来。每天，每个人可能都会面对许多不如意的事情，如果只是一时的抱怨，这还可以接受；但是，抱怨久了就会形成习惯，而抱怨的根源是对现实的不满意。

王小姐是公司负责企划案的经理，最近，她手头刚刚接了一个企划案，需要另外一个部门的配合才能有效地执行方案。可是，令王小姐感到苦恼的是，自己的搭档因为觉得所附加的工作量太多，不愿意去做，还责怪王小姐："我最近都很忙啊，你还拿这样的企划案来找我，真是没事找事。"王小姐心中一肚子怒火，忍不住找同事抱怨："咱们都是为工作，我们行，她怎么就不行呢？"说着说着，王小姐发现自己的怒火越来越大，甚至一看见那个部门的员工，心中的火气就"腾"地一下冒起来了。

不过，事情并没有解决，王小姐意识到这根本不能解决问题，自己需要沟通。她心想：抱怨毕竟只是发泄，解决不了问题，既然是为了工作，那就要对事不对人，我得找她沟通去。后来，王小姐找了一个机会把自己的意图跟工作中的搭档解释了一下，对方竟欣然接受了即使加班也要完成工作的要求。工作任务完成之后，王小姐长长舒了一口气，说道："如果当初我继续抱怨下去，就会影响我跟她继续合作的情绪，工作肯定完成不了，看来，以后我得少抱怨多行动才行哪！"

有时候，我们在工作中会遇到一些人际麻烦，有的人的处理方式是跟其他人抱怨，这无疑是制造了一个"三角问题"——自己和工作搭档有问题，却和另外一个人去讨论这些事情。事实证明，一味地抱怨根本解决不了问题，改变事情现状最有效的方式是行动，只有行动才能改变事情。所以，请停止抱怨，放弃抱怨，立即开始行动吧！

从前，在魏国东门有个姓吴的人，他的独生儿子死了，可是，他看起来一点都不伤心，每天仍早出劳作，快乐自在。有人对此感到不解："你的爱子死了，永远也见不着了，难道你一点也不悲伤吗？"那位姓吴的人却回答说："我本来没有儿子，后来生了儿子，如今儿子死了，不是正和

我以前没有儿子时一样吗？每天那些农活依然是我的工作，我又何必去忧伤呢？花费时间去伤心，不如将这样的精力投入到实际行动中来。”

1.过分抱怨会令人丧失行动力

阿尔伯特·哈伯德曾说：“如果你犯了一个错误，这个世界或许将会原谅你；但如果你未做任何行动，这个世界甚至你自己都不会原谅你。”抱怨，它只是一种语言，而不是行动，当一个人过多地被语言困扰的时候，他会失去行动力。当然，将抱怨转化为动力，我们还需要拥有广阔的胸襟，只有看透了抱怨的实质，我们才有可能将怨气化为动力。

2.行动比抱怨更有效

来到这个世界上，面对生活中的诸多不如意，我们只有两个选择，要么接受，要么改变。抱怨会成为我们接受事实的一个阻碍，我们总是想到：这件事对我是不公平的，这样的事情怎么会发生在我身上呢？我怎么能接受这样的事情呢？由此，一种强烈的倾诉欲望开始萌发，我们要去对别人诉说，以此证明我们的无辜和委屈。然而，在我们抱怨的时候，我们已经失去了改变这件事情的机会。当我们无休止抱怨的时候，为什么不去想想比抱怨更好的解决方法呢？

对于大多数人来说，每天所做的最多的事情就是抱怨这样或那样，这些情绪会逐渐形成负面的改变。对此，心理学家认为，学会关注他人，尊重他人，为其提供礼貌、周到的服务，则会形成积极的改变。所以，停止抱怨，将这样一种怨气化解于实际行动中吧！

整天抱怨赚钱难，为什么不创业

年轻常常与冒险为伍，年轻人，你是否有过冒险的经历呢？许多年轻人在大学毕业后靠着家里的关系进了国企、民营企业，拿着一份不菲的薪水，每天过着擦桌子看报纸的安逸生活，尽管生命还有很长的一段路，他们却早早地过上了衣食无忧的生活。或许，这是上天的眷顾，然而，这也是上天的考验。太年轻就选择停滞不前，人生最终也不过如此。年轻人就应该富有冒险家般的精神，大胆创业，即使失败了也可以重来。

大陆私营企业领军人物，新希望集团总裁刘永好，曾是四川省机械厅干部学校讲师。在他还没有创业时，他也是一个生活不是很富裕的人，后来，他与几位兄弟相继辞去公职，卖掉自己的自行车、手表等一切值钱的东西，凑足1000元人民币，到川西农村创业，办起良种场。

万事开头难，刘氏兄弟的第一笔生意差点就让良种场夭折。当时，资阳县一个专业户向他们预订了10万只良种鸡。种种原因，对方后来只要了2万只，剩下的8万只鸡怎么办？打听到成都有市场后，他们连夜动手编竹筐，此后四兄弟每日凌晨4点就开始动身，先蹬3个小时自行车，赶到20公里以外的集市，再用土喇叭扯起嗓子叫卖。等几千只鸡卖完，拖着疲惫的身子蹬车回家时，早已是月朗星疏了。这样，十几天下来，四兄弟个个掉了十几斤肉，但所幸的是8万只鸡苗总算全脱手了。

回顾这段经历，刘永好说，为了创业我投下了一切赌注，如果干不下去，我的公职、财产将一无所有，所以再苦再难也要往前走。无论再艰辛，压力再大的事儿，只要沉下心来去做了，这一关就总能挺过来。

年轻人，应该给自己一片没有退路的悬崖，大胆创业。从某种意义上说，这正是给自己一个向生命高地发起冲锋的机会。当一个人面临后无

退路的境地，他才会集中精力奋勇向前，在生活中争到属于自己的位置。出路还没打探明白就先开始筹划退路，这势必会影响他们开拓新生活的冲劲，进三步退两步，很难有根本性的改变。

罗马纳·巴纽埃洛斯是美国第34任财政部长。但在当初，她只是一位贫穷的墨西哥姑娘，16岁就结婚，后来失去了丈夫的支持，独自抚养两个儿子。但是，她那时就决心谋求一种令她自己及两个儿子感到体面和自豪的生活。于是，在梦想的支撑下，她口袋里装着7美元，带着两个儿子乘公共汽车来到洛杉矶寻求更好的发展。

最初她做洗碗的工作，后来找到什么活就做什么，拼命攒钱直到存了400美元后，便和她的姨母共同经营玉米饼店，结果非常成功，并开了几家分店。后来，她经营的小玉米饼店铺成为全国最大的墨西哥食品批发商，拥有员工300多人。

在经济上有了保障之后，巴纽埃洛斯便将精力转移到提高她美籍墨西哥同胞的地位上。她和许多朋友一起，在东洛杉矶创建了“泛美国民银行”。这家银行主要是为美籍墨西哥人所居住的社区服务。

当初，有人告诫她说：“美籍墨西哥人不能创办自己的银行，你们没有资格创办一家银行，且永远不会成功。”就连墨西哥人也说：“我们已经努力了十几年，总是失败，你知道吗？墨西哥人不是银行家呀！”但是，她始终不放弃自己的梦想，努力不懈。

如今，这家银行取得伟大成功的故事在洛杉矶已经传为佳话，巴纽埃洛斯也成为美国第34任财政部长。

创业是一切成就的起点。只有确立了前进的梦想，年轻人才能最大限度地发挥自己的潜力。不仅要有梦想，更需要行动起来，只有在实现梦想的过程中，我们才能够检验出自己的创造性，调动沉睡在心中的那些优

异、独特的品质，才能锻炼自己、造就自己。爱因斯坦曾说：“想别人不敢想，你已经成功了一半。做别人不敢做的，你会成功另一半。”

成功是没有秘诀的，敢想敢做，给自己定一个创业目标，然后努力，全身心努力，总会有收获。敢想可以使一个人的能力发挥到极致，也可能逼得一个人贡献出一切，以排除人生道路上的所有障碍。年轻人千万不要抱怨自己运气不够好，因为唯有行动才能改变自己的命运。行动就是力量，十个空洞的幻想不如一个实际行动。

年轻人创业，最重要的就是勇敢尝试，敢于不计后果。不要过多地顾虑，要敢于想到什么就马上去实践，哪怕有时需要承担一些风险，也要勇敢地去尝试创业。假如说尝试创业有可能取得成功也有可能失败，那么不敢去尝试就永远也不会获得成功。

行动，任何时候都不晚

人的一生有太多的等待，在等待中，我们错失了许多的机会；在等待中，我们白白浪费了宝贵的光阴；在等待中，我们由一个英姿勃发的青年，变为碌碌无为的中老年人。我们还在等待什么？选择去尝试，不要让自己在原地踏步。

人生就是如此，只要你迈步，路就会在脚下延伸。只有启程，我们才能向理想的目标靠近。无论你的梦想和目标是什么，这些都只是你成功的

开始，更主要的是立即开始行动，从而实实在在地看到成功的希望。这一点被许多人所忽略，其结果都是以失败告终。

人人都能下决心做大事，但只有少数人能够果敢地去尝试，也只有这少数人才是最后的成功者。有不少这样的人，他们并非不知道行动的重要性，但是迟迟不愿意行动，结果又产生负疚感，造成意志“瘫痪”。很多情况下，人们与其说是因为恐惧而不去行动，毋宁说是因为不去行动而导致恐惧。许多事情的难度都由于我们的犹豫和摇摆增加了。

美国康奈尔大学的威克教授做过一个有趣的实验：把一只瓶子平放在桌子上，瓶子的底部向着有光亮的一方，瓶口敞开。他先放进几只蜜蜂，只见它们一次又一次朝着有光亮的地方飞去，结果只能撞在瓶壁上。蜜蜂发现自己永远也无法从瓶底飞出，只好认命，奄奄一息地停在有光亮的瓶底儿。威克教授把蜜蜂倒出，仍将瓶子按原来的方向放好，再放进几只苍蝇。没过多久，它们一只不剩地全从瓶口飞了出来。

苍蝇为什么能找到出路？原来它们坚持多方尝试，一旦发现此路不通，便立即改变方向，最后终于找到瓶口飞了出来。威克教授的结论是：与其坐以待毙，不如横冲直撞，因为后者的做法比前者聪明且有用得多。

人生需要选择，需要你果敢地去拼搏，去行动，去做自己该做的事情。哪怕你很畏惧，哪怕你很犹豫，但只要摆在你面前的路是正确的，你就要立即行动起来。

人的价值，并非只有在取得非常成就时才显现，具有尝试精神的人，他的人生也会丰富多彩，熠熠放光。经过尝试，我们会发现自己具有取之

不竭的智力潜能，会发现生命中潜藏着许多连自己也无法想象的能力。如果不去尝试，这些能力永远也没有机会大放异彩。尝试，是铸造卓越与杰出人生的一种方式，是事业成功的一条重要途径。

第7章

平衡情绪，别注意负面事物

喜欢抱怨的人，情绪总处于一个消极的状态中。生活中，偶尔的抱怨属于正常，但若是不分场合、不分时机地抱怨，那就属于病态心理。对喜欢抱怨的坏习惯，一定要冷静处理，找到事情的根源，平衡情绪，别过分关注负面事物。

别把坏情绪传染给别人

著名作家大仲马说：“你要控制你的情绪，否则你的情绪便会控制了你。”耶鲁大学组织行为教授巴萨德说：“有四分之一的上班族会经常生气。”如此看来，人们经常受到不良情绪的干扰，而且，稍有不慎，情绪就会成为我们的主人。

有人这样形象比喻：“经常性的生气就好像不断地感冒一样。”在日常生活中，如果我们想要避免感冒的侵袭，通常的做法是防护自己的身体，这样，感冒的病毒就不会传染到我们的身上。负面情绪与感冒一样，如果我们没能最好预防工作，无可避免地，会常常生气或感冒。因此，为了不让坏情绪的毒传染到自己，我们应该作好一级防护。

爱德华·贝德福讲述了自己的经历：

在十几年前，在美国最著名的石油公司，有一位高级主管作出了一个错误的决策，而这个决策使整个公司亏损了200多万美元。当时，洛克菲勒是这家石油公司的老总，而我则是这家石油公司的合伙人。事情发生之后，我并没有前往石油公司，但是，我从侧面了解到，在公司遭到巨大经济损失后，那位主要责任人却一直在躲避洛克菲勒，企图躲过一劫。我感到事情不好处理，怀着对那位主管责难的心情，我走进了石油公司的办公室。

当我走进洛克菲勒的办公室，正看见他在一张纸上写着什么，或许是听到了我的脚步声，洛克菲勒抬起头，向我打招呼："哦，是你？我想你已经知道我们公司的损失了，我思考了很久，但是，在叫那个高级主管来讨论这件事情之前，我做了一些笔记。"我点点头，心想，应该计算一下那位主管所造成的经济损失，这样才有说服力。我走了过去，看了看那张纸，顿时，我惊呆了，那张纸上居然写着那位高级主管的一系列优点，其中还写了那位主管曾三次为公司作出过正确的决策，于是，洛克菲勒在后面备注了这样一句话："他为公司赢得的利润远远超过了这次损失。"

看完了洛克菲勒所记载的那些，我感到十分不解，向他问道："难道你打算原谅那位让公司损失200万美元的家伙？难道你对此不感到生气吗？"洛克菲勒并没有理会我夹杂在话里的怒气，他笑着回答："难道你觉得这样不合适吗？听到公司损失的消息之后，我比你生气，当时就决定解雇这位主管。但是，当我平静下来以后，发现事情并没有如此糟糕，经济的损失以后可以再赚回来，而优秀员工的失去则是不可挽回的。"当然，那位主管最后并没有受到任何责备，我心中的怒气也消失得一干二净。

这件事情对爱德华·贝德福的影响非常大，以至于后来，他在回忆这件事情的时候，还忍不住发出了这样的感慨："我永远忘不了洛克菲勒处理这件事的态度，它影响了我以后的生活，我不再轻易生气，甚至，面对怒气，我已经作好了一级的防护工作。"这一点并不假，所有贝德福手下的员工都可以做证，在这件事以后的时间里，贝德福的脾气出奇地好，几乎没有情绪波动的时候。

1.学会冷静思考

阻止不良情绪的蔓延，就如同抵制感冒的侵袭，我们应该增强自身

抵抗能力，善于思考，努力使自己变得平和，这样，即使情绪怒气冲冲而来，我们也能将它阻拦在外，冷静处理事情。当然，为了避免怒气的蔓延，我们所需要做的防护工作主要在于学会思考、冷静，使自己在怒气来临时变得平和，这样，我们才能有效地避免盲目冲动。

2.不断地设想这件事的好处

如何才能做到冷静思考呢？对此，爱德华·贝德福这样说道：“每当我克制不住自己冲动的情绪，想要对某人发火的时候，就强迫自己坐下来，拿出纸和笔，写出某人的好处。每当我完成这个清单时，内心冲动的情绪也就消失了，我就能够正确看待这些问题了。这样的做法成为我工作的习惯，在很多次，它都有效地制止了我心中的怒火。逐渐，我意识到，如果当初我不顾后果地去发火，那会使我付出惨重的代价。”

生气，是一个人由于自己的尊严或利益受到伤害而产生冲动的情绪，并且这样的状态很难一下子就冷静下来。对此，心理学家认为，生气是人的弱点，所谓的大胆和勇敢，并不是动辄生气，而是学会思考，学会克制自己内心的冲动情绪。

现代焦虑症多是自寻烦恼

在外人眼里，陈阿姨是个很有福气的人，老伴是“高工”，儿子出国深造，自己退休在家抱孙子，真可谓万事如意。可陈女士自从儿子出国后

经常睡不好觉，恶梦连绵，连白天也提心吊胆，担心儿子过不惯国外的快节奏生活，又怕儿子在国外遭遇不幸。

叶女士今年29岁，她最近给心理专家寄去了咨询信，信中说她近来一看到一些不好的事物或现象，心里面就会产生一些不好的联想。比如，看到有的妇女不孕，就担心自己如果和她们在一起，也会跟着患不孕症。有时候爱人出差了，她就会担心他在路上出车祸。叶女士说，自己明明知道这些想法是杞人忧天，也总是想找一些办法来排除，但就是解决不了。

这种自寻烦恼的现象就是“现代焦虑症”。那么，到底是谁制造了现代焦虑症呢？

从前，有个这样的故事：

杞国有个人担忧天会塌地会陷，自己无处存身，便整天睡不好觉，吃不下饭。另外有个人为这个杞国人的忧愁而忧愁，就开导他说：“天不过是积聚的气体罢了，没有哪个地方没有空气的。你一举一动，一呼一吸，整天都在天空里活动，怎么还担心天会塌下来呢？”那个人说：“天果真是气体，那日月星辰不就掉下来了吗？”开导他的人说：“日月星辰也是空气中发光的东西，即使掉下来，也不会伤害什么。”那个人又说：“如果地陷下去怎么办？”开导他的人说：“地不过是堆积的土块罢了，填满了四处，没有什么地方是没有土块的，你站立行走，整天都在地上活动，怎么还担心会陷下去呢？”经过这个人一番解释，那个杞国人放下心来，很高兴；开导他的人也放了心，很高兴。

这就是杞人忧天的故事，这个故事常比喻不必要的或缺乏根据的忧虑和担心。可能你会觉得故事里这个人很可笑，然而，我们生活中同样有这样自寻烦恼的人。

美国心理治疗专家比尔·利特尔经过研究认为：一个人若有以下心理

或做法，必定会促使其自寻烦恼、无事生非，从而导致现代焦虑症：

1.总把原因归结于自己

你是不是认为别不喜欢你是因为你的原因？你是不是认为同事被上级领导责骂也是因为你的原因？把消极原因都归结于自己，那么要不了多久，你就会烦恼成疾。

2.喜欢做白日梦

最可怜、可悲的人莫过于那些总是做白日梦的人，如果你不重新调整你的目标，那么，那些无法实现的目标同样让你烦恼不断。

3.盯着消极面

不要总是把眼光放在你曾经受到的多少次冷遇上，也不要总是计算自己吃了多少次亏，否则你就会不断运用这种消极的思想方法来给自己制造烦恼。

4.制造隔阂

你从未赞美过他人，总是挑刺儿、埋怨，好与人争论，这是制造隔阂、自寻烦恼的妙法。

5.总是拖延问题

问题一旦出现，你就要解决，因为此时解决很容易大事化小，而如果你采取拖延的方法，那么，问题只能像滚雪球一样越滚越大，最后一发不可收拾。不要抱有“如果错过了解决问题的时机，索性再往后拖拖”的想法，否则只会使问题变得更糟，必定会导致你的愤怒和苦恼埋在心底几个月甚至几年。

6.把自己摆在殉难者的位置

你可能经常会听到一个家庭中的主妇这样抱怨：“没有一个人真正心疼我，对我们家来说，我不过是个仆人而已。”而男人也会抱怨：“我骨

架都累散了，谁也不把我当回事，大家都在利用我。”

下面是专家们给出的一些简单的办法，以改善我们的心理状况：

（1）要认识到，你的担忧是不必要的，因为它们发生的概率很小，不必要自寻烦恼。

（2）对于潜在的危险、威胁、恐惧等，最好的办法是，从心理上作最坏的打算。通常，为了消除中学生的高考焦虑，心理医生会与来访的学生一起讨论高考失利或落榜的后果及其落榜以后的打算，道理就在于此。把失败考虑在前，有利于以放松的心态参与竞技。这样，你就有足够的心理准备应对不测。

（3）找到自己的兴趣所在并全身心投入进去。很多时候，人们杞人忧天，就是为了逃避现实，比如觉得某些事情危险，就不去做了。可当你投入做事情的时候，则很容易忘记焦虑。

任何的心理问题都不是绝对的，每种心理障碍都有着某些联系和类似。找到自己的症结所在，学会凡事往好处想，焦虑的症状就能得到逐步改善。要知道，经常这样焦虑，必定会使你烦恼异常，还会使周围的人感到讨厌，令你的感觉变得更糟。

你的消极情绪来自哪

人们最初踏入社会，是怀着美好愿望的，他们希望自己的能力得到施

展，抱负得以实现。但是，社会的残酷与现实打击了他们最初的信心，在情绪的不断消耗下，他们的身心承受着巨大的压力。无论是生存压力，还是工作压力，对人们情绪都是有着重要影响的，一旦压力来袭，情绪就会恶劣，人们便容易生气、烦躁，似乎看什么事情都不顺眼，内心的情绪若积压过久，便想痛快地发泄一番。因此，那些内向者给自己的压力越多，他们心中的负能量就越来越多，致使正能量不断消失。

一项社会调查发现，那些生活、工作条件良好，受过较高程度教育的城市人，他们对生活的满意度远远不如农村人，来自生活和工作的压力让他们的生活质量大打折扣。近些年来，城市人的脾气似乎越来越大，他们常常感觉到紧张、焦虑、容易愤怒，甚至在悲观时有自杀解脱压力的念头。通过这项调查显示，同农村人相比，城市人工作的体力强度、时间都少于农村人，而且，更注重健康的生活方式，但是，城市人的精神状况显著差于农村人。

同时，在调查中，个人工作稳定、收入有保障被列为城市人平日最关心的问题，对工作的极度关注使得许多城市人明显觉得工作压力影响到了个人健康。另外，城市的快速发展和工作的快节奏让许多城市人觉得自己似乎有点力不从心，60%左右的城市人对自己的工作状况并不满意，而来自家庭以及婚姻的压力也让他们感到焦头烂额。

每天，人们都面临着诸多压力，有可能是事业不顺而造成的工作压力，有可能是感情不顺而造成的感情压力，还有可能是家庭不和谐而造成的家庭压力，对此，心理学家把这些压力都统称为“社会压力”。

1.养成良好的作息习惯，营造良好的睡眠环境

在平日生活中，人们需要养成按时入睡和起床的良好习惯，稳定的睡眠，可以避免引起大脑皮层细胞的过度疲劳；注意调节卧室里的温度，睡

眠环境的温度要适中；在卧室内可以使用一些温和的色彩搭配，这样内向者能够在一个良好的环境中放松心情，顺利进入睡眠，并保证良好的睡眠质量。

2.放松精神，舒缓压力

人们需要缓解自身的压力，比如，在睡前可以通过适量运动，听听音乐或者是头部按摩运动来缓解压力；也可以进行短距离的散步。可以在睡觉前播放一些轻柔的乐曲，在入睡前按摩头部、面部、耳后、脖子等部位，这样可以使身心都放松下来，舒缓白天的社会压力。

3.给自己的压力要适当

心理学家建议：适当的压力有助于激发自己更强的斗志，但是，正如任何事情都有一定的度，压力过大就会影响到正常的情绪。因此，在日常生活中，我们要给自己适当的压力，只要不是太糟糕的事情，我们应该学会忘记，这样一来，那些琐碎的小事就影响不到我们了。

社会压力对人们来说，将直接转换成心理压力、思想负担，久而久之，就会成为心结。如果这种压力长久以来得不到有效释放，就会越积越多，并产生出巨大的能量，最终，它会像一座火山一样爆发出来，导致的结果是，人的情绪大变，总感觉自己活得太累，每天都不开心，脾气越来越坏，严重者甚至会精神崩溃，做出傻事。面对巨大的社会压力和心理压力，最重要的是自我调节、自我释放。

生活需要一支麻醉剂

阿Q对我们来说，并不是一个陌生的名字，在鲁迅先生的描绘下，阿Q的形象跃然于纸上。而对于阿Q精神，人们却褒贬不一，有人感到不屑，把它当作民族的劣根性；有人却崇尚阿Q精神的积极性，甚至有人坦言：“生活中需要阿Q精神。”很多时候，我们会发现，阿Q不仅出现在鲁迅先生的小说里，他还经常出现在生活中，或许，在我们身边就有这样的人。在阿Q身上，有一个引人注目的特点：“在任何挫败或生气时都会以虚幻的胜利感来安慰自己或欺骗自己。”由此而延伸，人们将这一种情绪调节法称为“阿Q精神胜利法”。在现实生活中，良好的情绪是需要那么一点阿Q精神胜利法的，或许，我们可以说阿Q精神胜利法是调节情绪的有效方法，如果我们能运用恰当，那么，良好的情绪将助我们走向成功之路。

在未庄，阿Q是一个极其卑微的人物，在他看来，整个未庄的人都不值得他放在眼里。赵太爷进城了，阿Q并不羡慕，还说出了自尊自大的话来：“我的儿子将来比你阔得多。”阿Q进了几回城，变得十分自负，甚至有点瞧不起城里人。遇到别人嘲笑自己头上的癞头疮疤时，阿Q也不生气，反而以此为荣，笑着回答：“你还不配。”

在未庄，阿Q经常被欺负，有时候，他被一些闲人揪住辫子往墙上碰，他就会说：“打虫豸，好不好？我是虫豸，你还不放么？”有人说：“阿Q，你怎么如此自轻自贱？”阿Q听了也不生气，反而自诩“自轻自贱第一名”，毕竟所谓的状元不也是“第一名”吗？所以，自己的这个名号似乎并不吃亏。

遇到与别人打架的时候，如果是自己吃亏了，阿Q也不生气，心想：“我总算被儿子打了，现在世界真不像样……”于是，本来愤愤不平的心

理也得到了满足，便以胜利的姿态回去了。赌博赢来的钱被人抢走了，阿Q也不气恼，如果没有办法摆脱“闷闷不乐”，他就自己打自己，假装打的是“另外一个”，这样，阿Q在精神上又一次转败为胜。

精神胜利法就如同麻醉剂，让阿Q一次次摆脱内心的烦恼，变得无比快乐。阿Q依然是阿Q，面临绝望的物质困境，唯有用精神来安慰自己。现实生活中的我们，依然可以用阿Q精神来摆脱不良情绪的困扰：受到了他人的辱骂，想到，幸好失去内涵修养的人是他而不是我；受到了不公正的待遇，想到，至少我能公正地对待一个人。以精神上的胜利来安慰生气的自己，这样一来，内心的愤怒情绪就会消失不见。

在小说里，阿Q的形象看起来很可笑，但是，在一个充满苦难的年代，阿Q只能以无奈的方式来维护自己活下去的信心与勇气。对此，有心理学家研究了阿Q的行为特点，并表示“阿Q精神胜利法实际上是一种自我心理调节，对人们调节心理或情绪十分有帮助”。

1.学会自我安慰

孔子曾这样评价自己的得意门生颜回：“一箪食，一瓢饮，居陋巷，人不堪其扰，回也不改其乐。”颜回以求道为乐，他获得了其乐融融的生活。虽然，阿Q与颜回相差十万八千里，但是他们有一个共同的特点，即都游刃有余地掌握了快乐的哲学，学会了调节情绪的有效方法。的确，那些掌握了精神胜利法的人，是不会生气的，或者，即使心中有气，也仍然因精神上的胜利而快乐起来。

2.心胸放宽

日常生活中，我们常听到：“真是，差点被气死了。”其实，人之所以被气死，主要原因是在于自己心胸狭隘。三国时期，周瑜才能过人，但终因自己心胸狭隘，在诸葛亮的“攻心”之下被活活气死。临终前，他还

发出“既生瑜，何生亮”的感叹，或许，周瑜至死都不知晓精神胜利法的存在。

同样是拥有卓越才华的司马懿，却善于运用阿Q精神。即使诸葛亮派人给司马懿送去了“巾帼女衣”对其进行羞辱，司马懿也丝毫不生气，反而笑着对下面的人说：“孔明视我为妇人焉。”若无其事，将阿Q精神发挥到极致。由此，不得不承认，阿Q精神可以有效地避免自己生气，所以，学学阿Q精神，学做一个不生气的智者。

当然，我们所取的是阿Q精神胜利法的积极面，比如，遇见令人生气的事情，幽默一笑，不仅快乐了自己，而且将快乐带给了别人。这样看来，阿Q并不是耍贫嘴，而是玩魔术，他所制造并享受到的快乐，实际上比那些所谓的有钱人更多。

是空虚还是充实，决定权在于自己

塞涅卡说：“人类最大的敌人就是胸中之敌。”在现代人的字典里，“空虚”这个字眼所蕴含的份量似乎越来越重，许多上班族都有这样的经历：“我有工作，但是，一天什么事情都不想干，总是提不起精神，面对着电脑，也不知道自己要做些什么，真不知道以后的日子该如何走下去，心里空虚得要命。”空虚，是一种消极的状态，空虚的人不能明确自己的目标，不知道今后的路该怎么走，更重要的是，在这样的心理状态下，压

力很容易“钻”空子。他们常常因压力而胡思乱想，把怒气撒到其他人身上，而且自认为生气是很有道理的。所以，如果你是一个空虚的人，需要时刻警惕，不要让自己掉入压力的陷阱。

在生活中，人们往往存在着不同的心态，有的人乐观，有的人悲观，乐观的人情绪平和安静，而悲观的人情绪很容易波动。其实，空虚本身就是一种悲观的心态，空虚的人很容易陷入自我休眠中，因为找不到前方的路而迷失自我。心中没有前进的方向，没有心灵的归宿，因而，他们总是花很多的时间和精力来想一件事情，哪怕只是一件微不足道的事情，他们想着想着，也能想出压力来。心中的无力感让他们感觉到诸多不安的情绪，在很多时候，他们自己也很想从空虚感中摆脱出来，可是，越是空虚，越是容易感到压力；越是感到压力，越感到前途渺茫。在这样的循环中，情绪越来越汹涌，并渐渐主宰了他们。

小杨和男朋友相恋一年多了，可是，这段感情一直遭到父母的反对，在这个气氛尴尬的夜晚，父亲在电话那头生气地说道：“你要是再这样下去，就永远不要回这个家了。”电话放下后，小杨心都凉了大半截，未来该怎么办呢？和男朋友分手，接受家人介绍的那个对象？坚持自己的选择，和男朋友远离家人？路有千条万条，可小杨就是不知道自己该选择哪一条。

白天，男朋友上班了，小杨一个人待在家里，总想找点事情做，可是，内心的那种无力感和空虚感不断袭来，她觉得浑身都没劲，就想一直沉睡，至少睡着了就谁也打扰不了她了。偶尔，思绪万千的时候，她也会想起与男朋友诸多的不合适，以及父母的担忧，越想心中越是焦虑，有时候，想着想着，她就暗暗下决心：“今天晚上和男朋友说分手的事情，一定不能心软。”于是，等到男朋友回家的时候，小杨心中的怒气就上来了，尤其是看到某些自己不能认同的行为，小杨更是怒火中烧，大声斥责：“我们结束吧，我不想继续了。”而且，这样的情景不是一次两次，而是多次。每次小杨独自一个人在家里，由于内心的空虚与混乱，总会胡思乱想，男朋友也感到很疲惫，偶尔，他也会劝小杨：“没事就出去透透气，不然在家里迟早会闷出病来。”小杨心里相当清楚，自己真的是由空虚而感到压力的，可是，有时候总是克制不住自己，也不知道自己到底该怎么办。

小杨内心的空虚，总是让“压力”钻了空子，结果，好端端地多了那么多的坏情绪。在人生的旅途中，成败得失，恩恩怨怨，乃至空虚寂寞，始终伴随着我们。如果我们总是把那些伤心的、烦恼的、无聊的事情记在心中，无异于背上了沉重的包袱，套上了无形的枷锁，同时，也让郁积在心中的不良情绪有了可乘之机。

有时候，为了摆脱空虚，人们会沉浸到另外一种空虚的生活中，漫无目的地游荡、闲逛，消磨大好时光，因此，空虚所带给我们的，是百害而无一利。

那么，面对空虚，我们该怎么调整自己呢?

1.有理想

俗话说：“治病先治本。”空虚的产生主要源于对理想、信仰以及追求的迷失。知晓了空虚产生的根源，就可以对症下药。树立远大的理想、拟定明确的人生目标，是消除空虚的最有力武器。当然，这并不是说你树立了目标空虚就被驱赶走了，只有当我们坚定地朝着自己目标前进的时候，空虚才会慢慢地远离我们而去。

2.提高心理素质

有时候，即使是两个人生活在同一个环境中，由于心理素质不同，其结果也会不同。有的人遭遇了一点点挫折就偃旗息鼓，他们很容易陷入空虚中；有的人面对困难却丝毫不畏缩。所以，提高自我心理素质，也能够将空虚及时地消灭，不给它进一步侵蚀心灵的机会。

3.保持一份热情

生活本身是美好的，主要是看我们以怎样的态度去面对它。对生活缺乏热情的人，他们心中只有空虚，以及百无聊赖的寂寞；而那些对生活充满了热情的人，哪怕身边只有蓝天白云，高山大海，他们也会积极地去感受大自然的美丽。当那份热情填补了生活的空白，你哪还有精力和时间去空虚呢?

从心理学角度说，空虚是一种消极情绪。那些空虚的人，无一例外都是对理想和前途失去信心、对生命的意义没有正确认识的人。他们对现实消极失望，以冷漠的态度来对待生活，遇人遇事就摇头。其实，只要你的生活被不断充实起来，压力就无处遁形了。

别再为小事而烦恼

我们总觉得活着很累，我们总有宣泄不完的痛苦，这是为什么？原因很多，但原因之一肯定是我们常犯一种错误——放大痛苦。而我们之所以会放大痛苦，也是有一定的心理原因的，那就是太在乎别人对我们的看法，我们都以为这个世界是以“我”为中心的，所以常常把失败扩大，常

常因为小小的事情而觉得自己罪大恶极，把愁眉苦脸的面具戴在脸上。带着这样的坏情绪生活，我们又怎么能快乐起来呢?

有个笑话说，一位农妇在收鸡蛋时，不小心打破了一个，她想：一个鸡蛋经孵化后就可变成一只小鸡，小鸡长大后成了母鸡，母鸡又可以下很多蛋，蛋又可孵化很多母鸡。最后农妇大叫一声：“天啊!我失去了一个养鸡场。”这农妇看来着实有点可笑，但在现实生活中像农妇这样的人大有人在。

比如，夫妻二人在亲朋好友的祝福下走入婚姻的殿堂，两个人难免有磕磕碰碰的时候，拌几句嘴也属正常。可偏偏有人钻牛角尖，将拌嘴升级为打斗，本来可亲可爱的人露出了凶恶面孔，即使战火息止，也难免伤了感情，甚至闹到以离婚收场……

在朋友面前说错了一句话，你后悔万分，陷入深深的自责中，担心朋友从此对你有看法。你工作很努力，但评优晋升没你的份儿，于是闷闷不乐，不明白上天为什么如此不公。 亲人突遭不幸，你感觉就像天塌下来一样，自己被巨大的痛苦包围，无法呼吸，甚至无法再生活下去……

有一次，卡耐基和太太邀请了几个朋友来家里吃晚餐。这确实是一次愉快的晚餐，他们送走朋友之后，依然很有兴致地在客厅聊天。

这时太太才跟卡耐基说了一个小插曲。原来，就在客人马上快到之时，太太发现有三条餐巾和桌布的颜色不搭配，于是，她马上跑进厨房，发现另外三条餐巾送去清洗了。然而，这时客人已经到家门口了，根本没有时间换洗了，太太着急得差点哭了起来。她当时心想：为什么会有如此低级的错误，难道因为这个小错误就毁了整个晚上的聚餐？不过，她马上想通了，何必计较这些小事情呢!

于是，她决定去迎接朋友们，然后度过了一个美好的夜晚。她告诉卡

耐基：“我宁愿给朋友们留下一个比较懒散的家庭主妇的印象，也不愿意给他们留下一个神经质的、脾气很差的女人的印象。”而且，根据太太观察，根本没人注意到餐巾的事情。

有一句法律学的名言：法律并不是为琐事而制定的。在生活中，假如我们想要保持平静的心态，享受生活中最真实的快乐，那就不应该为小事情而烦恼。假如你正在为小事情而烦恼，那不妨转移一下自己的注意力，换一个角度来看待这件事，你会从中有所收获。

有时候，我们烦恼的根源可能是童年时期的阴影，但无论我们是出于何种理由烦恼，这样的状况都应该停止。因为生命对于我们来说太短暂了，当我们渐渐步入中年以后，那种早晨刚睁开眼，转瞬间已近黄昏的变化会让人感到恐惧。既然生活中有那么美好的生活在等待着我们，我们又何必去为一件小事而烦恼，放大自己的痛苦？

1.我们并没有那么重要

“我只是一颗沙子”，当你苦恼的时候，不妨用这句话安慰自己。是的，我们没那么重要，无论遇到什么，其实都没有什么大不了的。对于宇宙来说，我们不过是沙漠中的一颗沙子，何必要把自己的苦处放大？在面临不幸的时候，如果一味地放大痛苦，问题就会越来越糟；如果辩证地想一想，也许就豁然开朗了。任何人都难免失误，但正确面对失误，把失误局限化，并积极寻求解决和弥补的办法，这才是我们应有的生活态度。

2.痛苦都是自己想象出来的

卢梭说过：“除了身体的痛苦和良心的责备以外，一切痛苦都是想象出来的。”俗话说得好：生活像面镜子，你哭它就哭，你笑它就笑。让我们生活中的笑更多些，千万不要放大痛苦。

3.用快乐和希望代替痛苦

生命仿佛是一个神秘的原始森林，有时，我们谁也不知前方是什么，只是不停地追求，探索。挫折就是森林中的野兽，不知什么时候就会侵占你的领土。痛苦是心灵中的一株野草，在挫折“光顾”你的领土时，痛苦若是过度繁殖，那么它就会占据你心中的阳光，水和空气，你心中的快乐、希望、幸福就会消失。因此，当我们下一次遭遇挫折时，我们应该告诉自己：“不要放大痛苦！”

绝大多数人都背负了过重的忧愁和苦痛，我们常把自己轻易放进痛苦之中。当你苦恼之时，到外面走一走，把自己摆在大山大水之间，更容易想象自己是一颗沙子，发现自己的微不足道，让事情褪去夸大的外衣，还原成本来的样子，很快你就能听到内心的声音，找到应该走的路。

抱怨时看看世界的另一面

曾经听过这样一个故事：有个老太太有两个儿子，一个卖伞，一个刷墙。于是，老太太天天提心吊胆，闷闷不乐，因为晴天的时候她担心儿子的伞卖不出去，下雨的时候她又开始愁另外一个儿子没法刷墙。后来，一位智者告诉他：“要多个角度看问题，你想想，下雨的时候伞卖得最多，天晴的时候刷墙正好，什么时候都不会错的。”老太太听了，笑逐颜开，整天再也不用担心了。

人生就像一朵鲜花，有时开，有时败，有时候微笑，有时候低头不

语。其实，人生就是这样，无论你处于什么样的境地，多角度看问题，你就会发现自己打开了心灵的另一扇窗户，你会发现人生是美好的，而自己所遭遇的那些根本算不了什么。人生之路本就是一条曲折之路，当我们被绊倒的时候，应多角度看问题，打开心灵的另一扇窗，以一种积极、乐观的态度去面对人生中的一切。半杯酒静静地在杯子中，来了个酒鬼，看了看摇摇头，说道："嗨，只有半杯酒。"过了一会儿，又来了一个酒鬼，看到以后兴奋地说："太好了，还有半杯酒。"足见，从不同的角度看问题，会让我们获得一种全然不同的心境。所以，学会多角度看问题吧，这样你会发现事情远没有想象中那么糟糕。

有四个小孩在山顶上玩耍，正玩得起劲的时候，突然，从山顶远处蹿出来一只大狗熊。第一个小孩反应很快，拔腿就跑，一口气跑了好几百米，跑着跑着，他感到身后没有人，他回头一看，其他三个孩子都没有动，他大声喊道："你们三个怎么还不跑呀，狗熊来了会吃人的！"

第二个小孩正在系鞋带，他回答说："废话，谁不知道狗熊会吃人呀！别忘了狗熊最擅长的就是长跑，你短跑有什么用？我不用跑过狗熊，只需要跑过你就行了。"这会，他惊奇地问旁边的小孩："你愣着做什么？"第三个小孩说："你们跑吧，跑得越远越好，一会儿狗熊跑近我的时候，保持安全距离，我带着狗熊，到我爸爸的森林公园，白白给我爸爸带回一份固定资产。"说完，他忍不住问第四个小孩："你怎么不跑啊，等死呀？"第四个小孩说："你们瞎跑什么呀，老师说了在没有搞清楚问题的时候，不要乱作决策，不要乱判断，需要作市场调查。狗熊是不会轻易吃人的，你们看山那边有一群野猪，狗熊是奔着野猪去的，你们跑什么呀？"

面对"狗熊来了"同一件事，不同的小孩有不同的思维方式，而每

一种思维方式都比前一种考虑得更周到。事实上，当我们试着多角度看问题的时候，就会发现“狗熊”并不是冲我们来的，内心那些恐惧和忧虑是多余的，完全没有必要，生活依然是美好的，我们完全可以放下心中沉重的包袱。每个人眼中都有一个与众不同的“小宇宙”，不同的人在各自的“小宇宙”中发出不同的色彩，演绎着各自的人生。

当我们遭遇负面事情，产生消极情绪的时候，换个角度看问题往往使我们豁然开朗。换个角度看问题，我们可以从认知上解决问题，也就是从根本上解决问题。这时我们需要做的不是强行压抑消极情绪，而是积极引导和调控自己的情绪情感，这样就可以起到调适心理的目的。

在炎热的沙漠，两个焦渴疲惫的旅人，拿出唯一的水壶，摇了摇，一个旅人说：“哎呀，太糟糕了，我们只剩下半壶水了。”而另一个旅人却高兴地说：“真幸运，我们还有半壶水！”

1.知足常乐

人生是否快乐，关键看你是否知足。其实人的欲望是无止境的，一种欲望满足了，还会滋生更多的欲望，如果欲望太多，则永远得不到满足和快乐。所以，我们需要换一种角度去理解，比如，物质条件比不上朋友，但有个知冷知热的老公也是很幸福的。

2.心理换位

在生活中，各执己见往往是人与人产生矛盾的关键原因。生活中，我们难免与家人、朋友、同事产生大大小小的矛盾，如果此时各执己见，互不相让，可能会导致过激的言行，乃至人际关系恶化。这时就需要换位思考，比如，父母唠叨令人厌烦，但站在他们的角度看，其实也是为了我们好，这样一想，怒气和怨气就会消了很多。

3.转移认知对象

当我们因为某件事情而困扰的时候，或者因某个偶然的事件而紧张、焦虑的时候，不妨暂时将自己的注意力转移到其他事情上去。毕竟有些问题越想越烦，甚至会让大脑僵化，不妨转换一件事情、换一种心情，如此往往会豁然开朗。

4.合理宣泄情绪

当坏情绪袭来，需要合理宣泄。如找人倾诉，当心里遇到烦心事情，找个信赖的朋友聊聊，只要倾诉完了，自己的心理压力就会减轻很多；或者写写日记，当身边没有倾诉的对象，可以写成日记，也是一种倾诉。

5.自我安慰

尽管阿Q愚昧可笑，但他自欺欺人式的自我安慰让他即便活在最底层也感觉不到痛苦。当我们遭遇严重的打击时，不妨学学阿Q，自我安慰。这样换个角度，可以让自己心情大好，让自己的生活过得更有色彩。

在现实生活中，许多事情都像那半壶水一样，多个角度或者换个角度，你就有了不同的心情，不同的答案。多个角度看问题，我们要有推翻成见的勇气和别出心裁的智慧。即使在黑暗的峡谷，我们也能沿着光走出来，顿时，你会有一种豁然开朗的感觉。

第8章

积极思维，梦想终会照进现实

人们的抱怨都是说给别人听的，几乎没有一个人会抱怨自己。喜欢抱怨的人，总认为自己是对的，别人是错的，这个世界是错的。抱怨，就如同破坏积极思维的毒药，侵蚀人们的乐观、善良。所以，对抱怨者而言，需要改变成一种积极思维，因为梦想总有一天会照进现实。

请享受无法回避的痛苦

有一句名言："请享受无法回避的痛苦，比别人更早更勤奋地努力，才能尝到成功的滋味。"只有忍耐风雨，才能等来彩虹。自古以来，许多卓有成就的人，大多是抱着不屈不挠的精神，忍耐枯燥与痛苦之后，从逆境中奋斗挣扎过来的。

在人生的道路上，我们常常会遭受不同的挫折与困难。面对挫折，人们有着不同的理解，有人说挫折是人生道路上的绊脚石，有人却说挫折是垫脚石。所谓"百糖尝尽方谈甜，百盐尝尽才懂咸"，与河流一样，人生也需要经历了洗练才能更美丽，经过了枯燥与痛苦之后，才能收获成功的果实。

许多年前，一位颇有分量的女性到美国罗纳州的一个学院给学生发表讲话。虽然，这个学院规模并不是很大，但这位女性的到来，使得本来不大的礼堂挤满了兴高采烈的学生，学生们都为有机会聆听这位大人物的演讲而兴奋不已。

经过州长的简单介绍，演讲者走到麦克风前，眼光对着下面的学生们，向左右扫视了一遍，然后开口说："我的生母是聋子，我不知道自己的父亲是谁，也不知道他是否还活在人间，我这辈子所获得的第一份工作是到棉花田里做事。"

台下的学生们都呆住了，那位看上去很慈善的女人继续说：“即便情况不尽如人意，我们也可以想办法加以改变。一个人若想改变眼前不幸或无法尽如人意的情况，只需要回答这样一个简单的问题。”接着，她以坚定的语气接着说，“那就是——我希望情况变成什么样，然后全身心投入，朝理想目标前进即可。”说完，她的脸上绽放出美丽的笑容：“我的名字叫阿济·泰勒摩尔顿，今天我以唯一一位美国女财政部长的身份站在这里。”顿时，整个礼堂爆发出热烈的掌声。

阿济·泰勒摩尔顿是一位女性，一位生母是聋子、不知道亲生父亲是谁的女性，一位没有任何依靠、饱受生活磨难的女性，而恰恰是这位表面柔弱的女性，竟成为美国唯一一位女财政部长。说到自己的成功，她却只是轻描淡写地说：“我希望情况变成什么样，然后就全身心投入，朝理想目标前进即可。”她忍耐了风雨，所以最后等来了彩虹。

格哈德·施罗德出生在一个工人家庭，小时候，父亲在远征苏联的战争中阵亡，施罗德兄妹五人与母亲相依为命。有一段时间里，他们住在一个临时搭建的收容所里，尽管母亲每天工作长达14个小时，但仍然不能满足家里的开支。年仅6岁的施罗德总是安慰母亲：“别着急，妈妈，总有一天我会开着奔驰来接你的。”

逐渐长大的施罗德进了一家瓷器店当学徒，后来又在一家零售店当学徒，在1963年施罗德加入了民主党。在之后的10年里，他读完了夜校和中学，后来到格丁根通过上夜大来攻读法律。大学毕业后，他获得了律师资格，成为了一名律师，不久之后，他当选为社民党格廷根地区青年社会主义者联合会主席。在以后的日子里，施罗德一直活跃于德国政坛，46岁那年，施罗德再次竞选成功，成为萨克森州州长，就是在这一年，施罗德实现了儿时的愿望，开着银灰色奔驰轿车将母亲接走了。也许，是儿时的苦

难记忆，使施罗德在人生的道路上丝毫不敢懈怠，8年之后，施罗德一举击败连续执政16年之久的科尔，当选为德国新总理。

童年时期的施罗德曾在杂货铺里当学徒，那时他常说的一句话是：“我一定要从这里走出去！”他成功了，而且，比自己想象中走得更远。虽然成功的路上伴随着困难，但是，施罗德从来没有把困难当成一回事，儿时的记忆让他明白：自己必须忍耐贫穷生活带来的枯燥与痛苦，不断地向前行，这样才能等来彩虹。

1.学会忍耐枯燥与痛苦

忍耐枯燥与痛苦是成功的必经之路。人生不可能是一帆风顺的，总是会有这样或那样的挫折与困难，需要我们去忍耐战胜挫折过程中的枯燥与痛苦，甚至是失败。这一切都需要忍耐，如果没有坚强的意志力，就难以忍受，最后就不能获得成功。

2.成功就是走过荆棘之地

如果你想赢得成功，就不得不忍耐这路程中的枯燥与痛苦，失败与辛酸，在忍耐之后继续奋斗，这样你才有力气走到最后，才能走向通往成功的路途。如果经不起挫折，忍受不了挫折带来的痛苦与失败，我们就将沉埋在毫无希望的生活里，永远没有前进的方向。

凡是能够成大事者，必然耐得住痛苦，忍受得了失败的打击，因为成功需要经历风风雨雨的洗礼。而一个有追求、有抱负的人，他总是视挫折为动力。天将降大任于斯人也，必先苦其心志，劳其筋骨，饿其体肤，空乏其身，行拂乱其所为，所以动心忍性，增益其所不能。在忍耐了那么多

的枯燥与痛苦之后，我们将看见最美丽的彩虹。

忍耐中等待命运转折的时机

常言道："小不忍则乱大谋。"在成功之前，我们往往需要忍耐长时间的寂寞和时光。生活中的每一个人，不管是谁，在人生中难免会深陷逆境，却又一时无力扭转面临的逆境。这时，最好的选择就是暂时忍耐，因为事情总是在不断变化的，一旦有利的时机到了，那成功就指日可待了。

所谓"忍一时风平浪静，退一步海阔天空"，要学会在忍耐中等待命运转折的时机。但凡成大事者，必定能忍得一时之辱，容得一时之痛。忍耐是一种品质，一种精神，更是一种成熟，一种理智，忍耐令人在磨难挫折面前坦言豁达而不灰心丧气，它似乎可以给人生一种奋进的力量，在布满荆棘的道路上，在变化莫测的航行中，忍耐给予的生命光芒在信念中闪烁。

王明是一位留美的计算机博士，毕业之后，他打算在美国找工作。他拿着自己的各个证书，以及一些在学校所获得的奖章，四处奔波找工作。可是，两三个月过去了，他还是没找到合适的工作，因为他心仪的公司都没有录用他，而那些愿意录用他的公司却又是他瞧不上的。他没有想到，自己堂堂一个博士生，居然沦落到高不成低不就的尴尬处境。思前想后，他决定收起自己所有的证书与奖章，以一种最低的身份前去求职。

没过多久，他就被一家公司录用为程序输入员，这份工作相当简单，对一个博士生来说简直就是大材小用。但王明并没有抱怨什么，即使是最简单的工作，他依然干得一丝不苟。这样干了一个多月，上司发现他能迅

速看出程序中的错误，这可是非一般的程序输入员能比的，这时候，王明向上司亮出了学士证，上司知道了他的能力，马上给他换了一个与大学毕业生相对的专业。又过了一个月，上司发现他经常能够提出一些独到的有价值的见解，远远比一般大学生要高明。这个时候，王明又亮出了硕士证，上司又立即提升了他的职位。再过一个月，上司觉得他还是跟别人不一样，就开始有意识地质询他，这时候，王明才拿出了自己的博士证，上司对他的能力有了全面的认识，毫不犹豫地重用了他。

当王明陷入找工作的困境时，他放弃了自己的所有证书，以一个最普通的身份去应聘，并获得了一份工作。我们可以想象，一个有着博士学历的人，委身于普通职员之职，那该是多么隐忍。但王明忍耐了下来，他在等待机会，终于，老板开始发现他深藏不露的能力，渐渐地重用他，最终他获得了自己应有的职位和价值。

韩信是淮阴人，还未成名的时候，他只是一个平民百姓，贫穷，没有好品行，不能被推选去做官，不可以做买卖维持生活，经常寄居在别人家里吃闲饭，因此受到人们的嫌弃。他曾多次前往下乡南昌亭亭长处吃闲饭，并在那里连续吃了好几个月，亭长的妻子很嫌弃他，就提前做好了早饭，端到内室的床上去吃。开饭的时候，韩信去了，亭长一家却不给他准备饭菜，韩信也明白他们的用意，一气之下，就告辞而去，不再回来。

有一次，韩信在城下钓鱼，有几个老大娘在漂洗涤丝绵，其中一位大娘看见韩信饿了，就拿出饭给韩信吃。几十天都这样，给韩信送来饭菜，直到这位大娘将所有的涤丝绵都漂洗完了。韩信感到很高兴，对那位大娘说：“我一定重重地报答您老人家。”大娘生气地说：“大丈夫不能养活自己，我是可怜你这位公子才给你饭吃，难道是希望你报答吗？”

还有一次，淮阴屠户中有个年轻人侮辱韩信说：“你虽然长得高大，

喜欢带刀佩剑，其实是个胆小鬼罢了。”又当众侮辱他说：“你要不怕死，就拿剑刺我；如果怕死，就从我胯下爬过去。”于是，韩信打量了他一番，低下身去，趴在地上，从他的胯下爬了过去。满街的人看见了，都嘲笑韩信，认为他胆小。

后来，韩信先是跟随项羽，后追随刘邦，成为刘邦麾下的杰出大将，此时再回忆之前的胯下之辱，那不过是忍辱负重，这样才有了后来功成名就的韩信。

别人都耻笑韩信懦弱，韩信本人却不以为耻。实际上，当时韩信绝不是不敢刺他，而是韩信胸怀大志，不愿与小人多生是非，如果一剑将那个屠夫刺死了，自己难以逃脱。因此，他甘受胯下之辱，他知道“小不忍则乱大谋”的道理，暂时忍受时光的煎熬，等待一个可以施展自己一身才华的机会来临。

1.学会接受现实

当然，等待并不是坐在那里默默地忍受一切，而是从心理上接纳所面临的事情。当生活中的挫折与困难迎面而来的时候，暂且不去下判断，不论遇到多么大的事情，最好暂时忍耐一下，也许到了下一刻事情就会有所转机，你就有了解决问题的办法。

2.等待命运的转折

等待是一种崇高的人生境界，古人作的“百忍歌”中有这样的句子，“忍得淡泊可养神，忍得勤劳可余积，忍得语言免是非，忍得争斗消仇憾”。

等待不是软弱，反而是一种大度。等待也并不是妥协，而是一种胜利。

在生活中，学会审视自己，我们根本没有理由对周围的一切都那么苛刻，要学会等待和忍耐，这样会让生活变得更加轻松。

失败后还能再一次尝试

查尔斯·詹姆士·福克斯对那些面对艰难从不灰心丧气的人，总是寄予厚望，他说："年轻人首次登台亮相就博得满堂喝彩当然不错，不过我更欣赏在失败后还能一再尝试的年轻人，这才是生活的强者，他们往往比首战告捷的人发展得更好。"在追寻梦想的路程中，挫折与失败最能考验人的意志，也最容易让一些人胆怯、恐慌、生气和抑郁。但是，只要我们坚持心中的梦，忍受艰难时刻，终会等来梦想照进现实的一天。

生命中，往往是那些艰难的时刻成就了我们。生命中没有逆境，就无法使才能与智慧获得增长。如果你想采摘玫瑰，就不要怕刺扎破手指。人的一生中不可能只有成功的喜悦而没有遭受挫折的痛苦，一个人如果能在失望中与绝望中看到希望，抓住新生，他就已经获得了一半的成功。

人生中没有直路，当你踏上人生征途之后，就要作好迎接挫折挑战的准备，面对挫折坚强不屈，绝不退缩，把挫折当成奋斗的阶梯，当成磨炼生命的礼物，用自信、乐观和毅力面对挫折，用坚强、镇定和勇敢战胜挫折，这样才能一步步地实现自己的梦想。

小时候，妈妈总是这样说："你能做到，玫琳凯，你一定能做到。"玫琳凯女士不仅将这句话作为自己的座右铭，而且将这句话作为公司的理念来激励更多未来的女性。玫琳凯坦言，自己想创建公司是在遇到了一些挫折之后才真正开始的。

玫琳凯女士曾在直销行业工作了25年，当时，她已经做到了全国培训督导。但是，眼看着自己的一位男下属都得到了提拔，而且薪水将是自己的两倍，玫琳凯女士毅然决定辞职，实现自己的一个理想。她说："我建立公司时的设想是让所有女性都能够获得她们所期望的成功，这扇门为那些愿意付出并有勇气实现梦想的女性带来无限的机会。"

然而，在创业之初，她经历了多次失败，也走了不少弯路，但是，她从来不灰心、不泄气，反而这样诙谐地解释："挫折是化了妆的祝福。"最后，她创建了玫琳凯公司，她说道："从空气动力学的角度看，大黄蜂是无论如何也不会飞的，因为它身体沉重，而翅膀又太脆弱，但是人们忘记告诉大黄蜂这些。女性就是如此——只要给她们以机会、鼓励和荣誉，她们就能展翅高飞。"

从玫琳凯的身上，我们可以看到艰难造就了她。你若想成为像玫琳凯女士这样优秀的人，那就需要经得起挫折的历练，经得起艰难的磨砺，因为成功需要风风雨雨的洗礼。一个有追求、有抱负的人，他总是将艰难时刻当作动力，敢于乘风破浪，让困难成为自己的垫脚石。艰难时刻对于自立的人来说是一块成功的跳板，对坚强的人来说则是一笔宝贵的财富。

宣永光曾说："困难是欺软怕硬的。你愈畏惧它，它愈威吓你。你愈不将它放在眼里，它愈对你表示恭顺。"

生活中的艰难是必然的，所以，当我们遇到它时没有必要怨天尤人。面对艰难，不要畏惧，迎难而上，直面困难，将生活中的每一个艰难都当作是上天对我们的考验。只要我们心中怀着必胜的信念，对自己说："我

能行！”那么，那些艰难的时刻最后往往会成就我们。

逆境中坚定地走下去

当我们总是眼高手低的时候，最后的结果将是一无所获。蘑菇生长在阴暗角落，由于得不到阳光又没有肥料，常常面临着自生自灭的状况，只有当它们长到足够高、足够壮的时候，才被人们所关注，事实上，这时它们已经能够独自接受阳光雨露了。这就是心理学上著名的“蘑菇定律”。最初蘑菇定律是由一批年轻电脑程序员总结出来的，通过蘑菇的生长历程，他们联想到了人所必须经历的历程。

我们刚开始进入社会的时候，像蘑菇一样不受重视，只能替人打杂跑腿，接受无端的批评、指责，得不到提携，处于自生自灭的过程中。蘑菇的生长必须经历这样的一个过程，而同样的道理，我们每一个人的成长也需要这样一个过程。

卡莉·费奥瑞娜从斯坦福大学法学院毕业以后，她所做的首份工作是一家地产公司的电话接线员。费奥瑞娜每天的工作就是打字、复印、收发文件、整理文件等杂活，父母与亲戚对费奥瑞娜的工作感到不满意，认为一个斯坦福大学的毕业生不应该做些杂活。但是，费奥瑞娜没有任何怨言，她继续一边工作一边学习。有一天，公司的经纪人向费奥瑞娜问道：“你能否帮忙写点文稿？”卡莉·费奥瑞娜点了点头，凭着这次撰写文稿的机会，她展露了自己卓越的才华。在以后的日子里，卡莉·费奥瑞娜不断向前发展，后来成为了惠普公司的CEO。

卡莉·费奥瑞娜的成功案例值得我们深思。我们任何一个人在成长的

过程中，都将注定经历不同的苦难、荆棘，那些被困难、挫折击倒的人，他们必须忍受生活的平庸；而那些战胜苦难、挫折的人，他们能够突出重围，赢得成功。

亚伯拉罕·林肯在一次竞选参议员失败后这样说道：“此路艰辛而泥泞，我一只脚滑了一下，另一只脚也因而站不稳；但我缓口气，告诉自己‘这不过是滑一跤，并不是死去而爬不起来’。”一个人克服一点儿困难也许并不困难，难的是能够持之以恒地做下去，在人生的逆境中坚定地走下去，直到最后获得成功。

没有人能够预知事情的结果，但是每个人都能够通过自己的决心来改变事情的未来，你可以摘得胜利的果实。聪明的人总是对自己所接手的工作信心满满，并且有把它做成功的决心。他们在做事情的过程中，就在幻想着自己成功的喜悦，所以他们往往能够凭借自己的决心做好一切事情。

1.利用环境成长

当我们不幸被看成“蘑菇”的时候，如果只是一味地强调自己是“灵芝”，并没有任何作用，对于我们而言，利用环境尽快成长才是最重要的。当自己真的从“蘑菇堆”里脱颖而出的时候，我们的价值就会被人们所认可。

2.难忘的经历促使你成功

虽然蘑菇般的成长经历给我们带来了压力和痛苦，但是，这些难忘的经历有可能让我们赢得成功。哈佛大学的荣誉博士J.K·罗琳就是最典型的例子：她是一位中年女性，在事业最黯淡的时候，开始拿笔写作，结果，她写出了享誉世界的《哈里·波特》。

3.意志胜利法

在人生中总是有着种种的不如意，但是，意志坚强的人能够将逆境变

为顺境，在挫折中寻找转机，他们在逆境中坚定地走了下去，最后获得了成功。相反，有的人缺少生活的历练，一旦遭遇挫折或身陷逆境，一次输给了自己，就意味着永远输给了自己。

每个人都渴望生活如鱼得水，都希望事业获得成功，但是，上帝不会把这些白白赠予你，只有不畏惧蘑菇的经历，成功才会属于你。蘑菇的经历是成功必须经历的一步，只有那些能够忍受一切的人才能得到阳光普照的机会。

绝不允许自己有一点丧气

爱迪生说：“无论何时，不管怎样，我也绝不允许自己有一点点灰心丧气。”信念是心灵的护航者，是胜利的基石。信念，它是一缕永不暗淡的阳光，给心灵以丰富的给养，有了信念，我们就可以穿越阴霾，驱散迷茫，挣脱命运的束缚，自由地飞翔。人生需要意志力、坚定的信念，即使道路铺满荆棘，充满了无尽的坎坷，我们也不要放弃信念，这样才会看到希望，看到生命的曙光。

塞尔玛是一个单亲母亲，她在一个乡村工厂里工作，靠着微薄的收入来维持自己与儿子的生活。然而，在塞尔玛心中隐藏着一个秘密：由于遗传因素，她的视力正在慢慢衰退，只有靠着高度近视镜才能维持微弱的视力，而且，令自己心痛的是她发现了儿子患有同样的疾病，她决定挣钱为

儿子治好眼睛。于是，塞尔玛开始日夜不停地加班，将辛苦赚来的钱装在一个小铁皮盒里。尽管生活对于塞尔玛是残酷的，但她依然释放着全部的热情，塞尔玛特别钟爱音乐与舞蹈，她经常在工厂里歌唱，想象自己是音乐剧里的主角，以此给自己疲惫的心灵以抚慰。

塞尔玛的房东比尔是一位警察，他有个整日无所事事却又喜欢享乐的妻子，在妻子的过度挥霍之下，比尔破产了。但是，比尔没有勇气将真相告诉妻子，比尔知道塞尔玛有一些积蓄，于是，他找到了塞尔玛，向她诉说自己的压力与内心的绝望。无意之中，比尔发现了塞尔玛装钱的铁皮盒子，由于视力下降，塞尔玛失去了工作，这时，她发现自己辛苦攒下的钱被偷走了。想到曾向自己借过钱的比尔，塞尔玛决定去找比尔，比尔当即承认了自己偷走了钱，两人在争执中，比尔绝望地掏出了手枪，恳求塞尔玛帮助自己结束生命，塞尔玛扣动了扳机。

塞尔玛安排了儿子的手术，而她自己则来到了歌舞团，在那里，她精彩演绎了《音乐之声》。为了维护比尔的尊严，塞尔玛决定不说出实情，自己一个人承担所有的罪责。直到被警察逮捕的那一刻，塞尔玛依然歌唱着、舞蹈着。

即使塞尔玛生活十分不幸，但是，她那份对生命执着的信念，促使她完成了自己的梦想，那就是攒钱为儿子做手术。在黑暗的世界里，塞尔玛成为舞蹈的精灵，她是真正的黑暗中的舞者，而这一切源于她那坚定的信念，因为信念为塞尔玛的心灵指引了生命的方向。

1.学会自我激励

自我激励是激励自己形成良好的品德和习惯的方法，首先，我们要对自己有一个正确的认识，对自己的优缺点有所了解；其次，学会自我控制和自我约束，“将一件事情做到底”会经历很多意料不到的困难与挫折，

应该学会控制自己的情绪和意志；最后，应该有意识地培养自尊心和上进心，这样我们的潜能才可以不断地被发掘，从而向最好的方向发展。

2.找一个学习的榜样

榜样的力量是巨大的，特别是那些有着坚定毅力、坚持不懈追求进步的人，更是我们心目中的楷模和英雄。如果能够找到这样一个榜样，无疑是为自己前进树立了一个标杆。最好的榜样往往在身边，父母可以是学习的榜样，身边的同龄人也可以是榜样，大家一起你追我赶，让竞争变成学习。

3.参加体育锻炼

现在大多数人都是在物质优裕的环境中长大的，缺乏毅力，如果有一个机会锻炼自己是最好的。而积极参加体育锻炼是一种好方法，不但可以增强我们的体质，而且可以增强自己的心理承受能力。

4.参加竞赛

假如让我们独自完成某件事，我们总是一拖再拖，或许干脆中途放弃。假如我们知道还有许多人与自己竞争，往往能够激发内心不服输的心理。毕竟我们也不愿意承认自己是弱者，不会轻易服输。所以，我们可以与要好的同学竞争，也可以与对方来一场比赛，将工作变成竞赛。

任何一个人在成长的过程中，都将注定经历不同的苦难、荆棘，那些被困难、挫折击倒的人，他们必须忍受生活的平庸；而那些战胜苦难、挫折的人，他们能够突出重围，赢得成功。

积极看待，时间自会还你公平

爱默生曾说：“每一种挫折或不利的突变，是带着同样或较大的有利的种子。”在失败的背后，往往隐藏着宝贵的经验与信念，事实上，失败是一笔不可缺少的财富。我们在遭遇挫折、面临失败的时候，都会产生一定程度的负面情绪，如果自己长期深陷其中而不能自拔，失败就会成为你的代名词。美国著名心理学家贝弗利·波特认为，当一个人在工作中的失败感大于他所取得的成就感时，就很有可能对自己的工作失去热情，而当这种失败感以一定的频率固定出现的时候，他就很容易对自己的工作产生倦怠。面对失败，我们需要做的并不是自甘堕落、自暴自弃，而是不断积累失败的经验，让失败成为一笔财富。

和田一夫21岁那年，自己经营的位于静冈县热海家的蔬菜水果店被一场大火烧毁，和田一夫几乎失去了所有。但是，失败并没有让他放弃希望，他将烧成平地的100坪土地拿去作抵押，借钱买了块300坪的土地盖了一个超级市场，开创了日本八百伴。超级市场在和田一夫的经营下，发展越来越好，这时，和田一夫想带着自己的超级市场进军亚洲，而新加坡成为了进入亚洲的起点。

1972年，和田一夫和日本野村证券公司第一次考察新加坡市场，然而，就在新加坡，他碰到了两件令自己苦恼的事情：由于新加坡租金太贵，完全超出了自己的预算之外；在新加坡期间，和田一夫无意中听到一位的士司机告诉他一段日本杀害新加坡的国仇家史。对此，和田一夫说：“对日本百货公司来说，70年代是一个必须面对历史的时代。”回到日本后，和田一夫告诉了董事们这两件事，结果董事们纷纷表示反对投资新加坡。但是，和田一夫明白“零售业成功的因素是要消费者口袋里装着钞票”，于是，在70年代初期，和田一夫在新加坡开辟了第一个亚洲市场。1976年，受世界石油危机的冲击，巴西八百伴被迫关门。通过这次教训，和田一夫领悟到：“不该死守一个地方，要大胆调动资金，分散资产。”紧接着，八百伴从东南亚“流通”到了中国台湾、香港和内陆。80年代末期至90年代初期，整个亚洲经济处于全盛时期，和田一夫的八百伴集团在16个国家拥有了400多间百货公司，八百伴集团坐上了世界零售业第一把交椅。

1997年，和田一夫在日本负责掌管日本八百伴公司的弟弟，因被指控欺骗日本财政部而被法庭判定有罪，当时也判定和田一夫结束所有海外企业，回日本受审。当时，日本媒体称和田一夫将资金调动到中国，拖累了日本八百伴。顿时，一夜之间，和田一夫变成了一个连累八百伴股东和员工的罪人。这时，和田一夫作出了决定，宣布“自我破产”，交出所有财物，向企业界告别，搬到一个租来的房子里。

后来，和田一夫成立了“和田一夫企业咨询公司”，他的日常工作就是用电脑为许多企业家回答问题，为企业团体作演讲。同时，他以探讨自己的失败撰写了《从零开始的经营学》，这本书成为日本经典著作之一。对此，和田一夫这样说：“失败是我的财富，我想将这个企业咨询网络像当年八百伴一样伸展到亚洲，甚至全世界。”

杰出的音乐家贝多芬在与外界声音隔绝之后，坚持音乐创作并获得了巨大的成功；只受过三年正规教育，被老师认定是一个智力迟钝的学生——爱迪生，在经过不懈的努力之后，成为最伟大的发明家之一。

失败并不可怕，只要你在失败中不断地积累经验，终究能将失败变成财富。其实，遭受失败并不可怕，关键是用积极的心态来面对。只要我们能改变心态，把每一次的失败都当作考验自己的机会，把它当作超越自

己的一次机遇，那么，我们就不会沉浸在痛苦里，甚至要感谢失败让我们看清了真相，获得了经验。失败会让人变得成熟，它是人生的一笔宝贵财富。

1.逆境使人奋进，苦尽才能甘来

莎士比亚曾说："逆境使人奋进，苦尽才能甘来。"在人生道路上，成功没有巅峰，追求没有止境，短暂的荣誉往往会束缚着人们前进的手脚，一时的辉煌往往会消减人们的斗志。而失败，让人痛心更催人奋进，既让人难堪更让人坚定，让人们在放弃时能鼓足勇气，想逃避时拾起自尊。

2.失败是成功的前奏

失败是成功的前奏，失败是一笔财富，失败能够使人不断地反省自己，在逆境中奋进，在低谷中抓住机遇，不断冒险与尝试，最后采摘成功的果实。日本著名实业家原安三朗曾说："年轻时赚一百万的经验，并不能成为将来赚十亿元的经验；但损失一百万的经验，倒可以培养赚十亿元的经验，逆境是锻炼人才最好的机会。"

一个不能认识和接受失败的人，无法看清楚成功的本质，从失败的教训中学到的东西，往往比成功中学到的还要深刻。成功，总是在经历多次失败之后才姗姗来迟，正确面对失败，才是走向成功的重要素质和能力。

第9章

反思自己，是否想要的东西太多

你抱怨孩子不够聪明，工资不够高，老公不够体贴，父母不够有钱……你是否有真正反思过：自己想要的东西太多。生活本来没那么多痛苦，真正让你痛苦的是内心欲望太多。消减欲望，你会发现生活是如此简单美好。

痛苦是因想过上标配生活

有人说：“追求幸福的人分两种：一种是追求属于自己的幸福，一种是追求属于别人的幸福。”前者懂得定义属于自己的幸福，而后者只是追逐他人定义的幸福。在生活中，我们何尝不是这样呢？有时候，我们生活得并不如意，若是问为什么，我们的回答却是：“我没有达到某种生活的标准。”

我们总是听别人说，有了房子才有安全感，于是就为了别人所定义的“安全感”背上了十年二十年的债务，节衣缩食，心不甘、情不愿地当起了房奴；我们总是听别人说，在高级餐厅里约会才是最浪漫的，于是我们就将这当成一种对美好生活的向往，宁愿吃方便面也要勒紧裤带去潇洒一次；我们总是听别人说，没去过健身房就不够时尚前卫，于是我们就赶紧去健身房报名，学那些自己并不感兴趣的课程，只是为了达到别人所定义的“幸福生活”。

但那些生活真的属于自己吗？为什么即便我们达到了这样的生活标准还是不快乐呢？究其原因，在于我们与自己较真，总是一味地追求那些不属于自己的生活，就好像我们穿着不合尺寸的衣服，不是嫌太大，就是嫌太难看。

我们的生活是自己过，而不是给人看，别人生活的标准并不一定真的

适合我们。因为生活的幸福和快乐是属于自己内心的一种感觉，如果只是迎合别人的取向，难免会苦了自己。那些苦苦追求不属于自己生活的人，他们与自己的心灵对峙着，换而言之，他们总是与自己较真，越是不属于自己的，越是需要去尝试，在羡慕嫉妒的过程中，他们浑然忘记了自己原本美好的生活，而是将别人的生活当成自己生活的标准。

在《伊索寓言》里记载了这样一个小故事：

一只来自城里的老鼠和一只来自乡下的老鼠是好朋友，有一天，乡下老鼠写信给城里的老鼠说："希望您能在丰收的季节到我的家里做客。"城里的老鼠接到信之后，高兴极了，便在约定的日子动身前往乡下。到了那里之后，乡下老鼠很热情，拿出了很多大麦和小麦，请城里的好朋友享用。看到这些平常的东西，城里的老鼠不以为然："你这样的生活太乏味了！还是到我家里去玩吧，我会拿很多美味佳肴好好招待你的。"听到这样的邀请，乡下老鼠动心了，就跟着城里老鼠进城去了。

到了城里，乡下老鼠大开了眼界，城里有好多豪华、干净、冬暖夏凉的房子，看到这样的生活，它非常羡慕，想到自己在乡下从早到晚，都在农田上奔跑，看到的除了泥土还是泥土，冬天还要在那么寒冷的雪地上搜集粮食，夏天更是热得难受，这样的生活跟城里老鼠比起来，真是太不幸了。

到了家里，它们就爬到餐桌上享用各种美味可口的食物。突然，咣的一声，门开了。两只老鼠吓了一跳，飞也似的躲进墙角的洞里，连大气也不敢出。乡下老鼠看到这样的势头，想了一会儿，对城里老鼠说："老兄，你每天活得这样辛苦简直太可怜了，我想还是乡下平静的生活比较好。"说罢，乡下老鼠就离开城市回乡下去了。

显而易见，这个故事的寓意在于：适合自己的生活方式并不一定适合

别人，同样，适合别人的生活方式也不一定适合自己。因此，如果自己当下生活得还不错，那就过好属于自己的生活，没有必要去追求别人定义的生活，我们应该明白，别人的快乐和幸福并不适用于自己。

1.别人的生活不一定适合自己

我们总是向往着这样的生活：条件优秀的老公、可爱的孩子、宽大的房子、豪华的轿车、稳定的工作。在我们看来，似乎这样的生活才是最幸福快乐的，但这样的生活适合自己吗？较真，有时候就是自己的外在与内心互相对峙，明明这是心里不喜欢的，却为了迎合别人的眼光而刻意将自己的生活变得乱七八糟。所以，放下对别人生命羡慕嫉妒的眼光，放下内心的固执与较真，学会享受自己的生活所带来的快乐与宁静吧！

2.定义属于自己的生活

生活是因人而异的，我的生活在你眼里并不一定是好的，你的生活我也不一定认同。很多时候我们并不快乐，那是因为我们总是与自己较真，没有按照自己喜欢的方式去生活，而是在不经意间迎合别人的要求，刻意改变，违背内心真实的想法，所以我们才会变得不快乐。所以，放下那些所谓的“标准意义的生活”，按照自己真实的想法去追求生活，我们应该记住，真正让自己快乐的是自己的内心而非别人的眼光。

卞之琳说：“你在桥上看风景，看风景的人在楼上看你。”其深层含义在于，虽然我们每个人都把别人当作风景，其实，在别人眼中，自己何尝不是一道美丽的风景呢？所以，不要跟自己较真，而要学会对自己的生活释怀，因为属于自己的生活才是幸福快乐的生活。

即使得到全世界又怎样

有一句话说得好：得不到的永远在骚动。人生本来就是一个体验的过程，得与失，不过是处在永恒的变化中。昨天得不到，并不意味着今天不会拥有；即使今天拥有了，也不意味着明天不会失去。即便是永恒，也只会在拥有的那一刹那。珍惜现在所拥有的一切，这才是我们所需要的、最好的方式。

有人说“得不到”和“已失去”的才是最好的，可能我们在不同的时间也会发出这样的感慨。那些没有实现的愿望，它们具有强大的力量，这样的力量就好像魔咒一般，笼罩在我们的头上，令我们迷恋水中花、镜中月，让我们对身边唾手可得的幸福和快乐视而不见。

前不久，销售部的李姐因为出现了财务问题被降职了，所以部门经理的位置空缺了出来。许多人都梦想着坐上这个位置，在整个销售部门，小敏与小叶的呼声最高，大家都知道，小敏与小叶虽然是同窗好友，但是，到了同一个部门，同一个岗位，似乎每一次工作都暗中较劲，成为了竞争对手。老板也感到很为难，因为两个人都很优秀，他也不知道到底由谁来担任这个职位。

就在老板感到左右为难之际，小敏推开了办公室的门，她微笑着向老板说：“上次，那个大客户对我们的方案不是很满意，经过多次协商，他还是要求我们重新拟写一个方案，您看，这该如何是好呢？”听到小敏的工作报告，老板心中有了主意，他马上叫来了小叶，当着两人的面，老板说道：“你们俩都知道上次那个客户吧，当时，那个方案是由你们两个人负责的，现在，我需要你们俩分别拟写一个方案，客户满意哪一个人的方案，谁就是销售部门的经理。”小敏和小叶面面相觑，点点头。

一周过去了，小敏和小叶交上了自己拟写的方案，最终，客户似乎对小敏的方案更青睐。小敏成为了销售部经理，小叶对此愤愤不平，经常向同事抱怨："我还不是一样努力，凭什么她就坐上了经理的位置，我还只是个小职员呢？"每天，小叶除了抱怨还是抱怨，工作积极性也不如以前，老板对她很有意见，没过多久，小叶就主动辞职了。

人是欲望感十分强烈的群体，看到别人获得了某样东西，自己也感觉到心痒痒，总是感到不服气：为什么我就得不到呢？于是，开始生气、愤怒、自怨自艾，情绪陷入消极状态中。事实上，即使自己真的很想得到某种东西，我们也应该积极地去争取，只有争取才有机会获得，否则，我们除了生气，将什么也得不到。

当然，我们还需要有效地消减内心的欲望，不要总是什么东西都梦想着得到，正所谓"得之我幸，失之我命"，获得是一种幸运，我们应该为此感激；失去是一种宿命，我们也不应该去怨天尤人。以这样健康的心态，我们才能够坦然面对生活中的每一天。得到与失去，它们就如同一对孪生兄弟，有时候，我们真的没有必要去埋怨、计较得失，只要我们能常怀一颗乐观豁达的心，微笑着面对人生，这就足够了。不要总是不服气，试想，即使自己得到了全世界又能怎么样呢？

得不到的让人渴望，已经失去的让人惋惜，但是我们都很在乎。不过，如果仔细回想，你会发现，我们不停地眺望远方根本不属于自己的一切，反而忽略了离我们最近的幸福。有人说，人生要活得有分寸，是你的终究是你的，不是你的抢过来也会离开你，何必让自己这样狼狈呢？失去的东西，是因为我们自己没有好好地珍惜，与其为失去的东西而后悔，还不如好好珍惜眼前的一切，这才是生活的真谛。

1.得不到的东西不必强求

得不到的东西，表示这根本不属于自己，又何必强求呢？即便你强求来了，你也会发现自己并没有想象中得幸福；已经失去的东西，已经过去了，即便你后悔再多，也挽回不了。与其为得不到和已失去而较真，不如好好珍惜当下所拥有的，这才是人生一大幸福。

2.你真正需要什么？

如果我们能静下心来思考，就会发现那些得不到、已失去的东西其实只是源于对没有实现的愿望的渴望。即便我们放弃现在所拥有的一些东西，不顾后果地想尽办法得到了那些当初未能得到的东西，把那些失去的东西找了回来，谁又能保证且诚实地说这些东西就是我们真正所需要的呢？

人往往如此，得到的东西不珍惜，一旦失去才知道珍贵，漫漫人生，多少人感叹：覆水难收，后悔莫及。有时候，不是幸福太少，而是我们不懂得把握。并非得到越多就越幸福，幸福就是珍惜当下所拥有的，这样才不会给自己留遗憾。

请理性看待欲望

如果说欲望会产生什么，那么其产品是现实。如果欲望是能产的，那么只有在现实世界才能产，并且只能生产现实性。欲望是一组被动的综

合，它们操纵着局部性的客体、流量及躯体，行使着生产单位的职能。现实是终端产品，是欲望被动综合的结果，即无意识的自发生产。欲望不欠缺什么东西：它不缺少客体。毋宁说，它是欲望中所缺少的主体，或缺乏固定主体的一种欲望。除非有压抑，否则没有固定的主体。

欲望是一种机器，而欲望的客体则是与之相关的另一架机器。因此，产品是某种从生产过程中去除或减掉的东西：在生产行为和产品之间，有某种东西变得分离开来，因而给漂泊流浪的主体提供了一处居所，欲望的客观存在本身就是现实之物。

人生就是一次奇怪的旅程，有的人跌跌撞撞，在人生中迷失了自己的方向；有的人怡然自乐，微笑面对生活，把握了人生的幸福。也许，有人会感到疑惑：怎么会出现这样迥然不同的局面？因为，在人生的旅途中，除了美丽的风景，还有很多的诱惑，而每个人内心都有一个魔鬼，那就是欲望。当那些诱惑出现在人们面前，就会激发起人们内心的欲望，为了满足内心的欲望，他们奋不顾身、倾尽一切，极力追求着，所以，他们会在人生的路上跌跌撞撞，找不到失去的自我，痛苦地煎熬着。

每个人都有这样或那样的欲望，有的人喜欢权力，有的人喜欢金钱，有的人喜欢幸福，有的人渴望快乐。在他们的生活中，缺少着什么他们就渴望着什么，而且这样的欲望是惊人的。因为欲望本身的特点就是难以满足，喜欢权力的人当上了一个小科长，这或许算是美事一桩，但他觉得自己晋升的空间还有很多，当了科长想当经理，当了经理想当总裁，就这样不断地循环下去，欲望的雪球越滚越大，扭曲了内心，他成为了欲望的奴隶。所以，如果你想赢得人生，就应该学会放下各种欲望，这样你才能轻松地面对人生，获得属于自己的幸福。

大学毕业后，小柯考上了公务员，在一个小镇上做一个小科长。或

许，是因为学生气太重，有棱有角，对任何事情都公事公办，严格按照上级所传达的文件处理一切事情，他这样的做法使自己处于一个孤立的境地，同一个办公室的小张怪里怪气地说："果然是文学院的人才，酸腐啊酸腐！"小柯感到不解，难道人民的公仆不应该像自己这样吗？

到年底了，每个科室要上交一份人事报告，就是对各个科室的同志进行客观的评价，主要是由科长撰写，而且这样的评价会成为年度表彰大会的依据之一。小柯根据平时的观察情况写出了中肯的意见，其中对一名同事作了批评，因为他总是天天缺班，没有干过一件正经的工作。谁知道，这样的表述立即为小柯带来了灾难，原来那位同事是镇长的儿子，所以才这么放肆。小柯觉得自己说得很有道理，但是，上面没有任何说法，最后找了个借口撤去了他的科长职务，他成了一个闲职。

小柯觉得太受打击了，为了恢复原职，他仔细观察了周围同事的一言一行，逐渐感染到一些官僚风气。虽然，他心里觉得这好像违背了做人的原则，但是如果按自己现在的处境，会一辈子没有什么出息。于是，他开始融入这个圈子，认识了许多达官贵人，聪明的他还懂得投其所好，花钱送一些礼物，说几句奉承话，没过多久，他就直接被任命为办公室主任。后来，他在官场里如鱼得水，镇长秘书、副镇长、镇长、市委书记逐渐晋升，成了许多同事羡慕的对象。看着自己的位置，小柯很欣慰，但他并没有觉得知足，有了权力，他更想要金钱、美色。许多想依靠他这棵大树的不同行业的人纷纷送名车、递香烟、送美女，小柯的日子过得很逍遥。

但好景不长，纪委很快把他锁定为重点目标，在经过一段时间的调查之后，发现他受贿金额巨大，当即被革职并被带到了纪检委。

小柯从刚开始的青涩到沦为阶下囚，这是一个难以琢磨的过程，更是一个令人反思的过程。欲望就像毒品，是会上瘾的，当你一次满足了之

后，就会不断地想要更多的欲望，那根本就是一个无法填满的无底洞。当然，每个人都有一定的欲望，这是正常的，欲望可以促进我们不断地奋进，也是一种自我肯定。但是，如果你的欲望过于强烈，就不再是对自己存在的肯定，相反会进而否定或取消别人的存在。到那时候，人被欲望所控制着，就成了欲望的奴隶。学会放下欲望的人是自由的，因为没有了禁锢，他没有了烦恼，所以是自由的。也许，在你的心中也会有种种的欲望，或金钱，或权力，但是，如果你要想赢得自己的人生，掌控你的幸福，那么就要放得下那些欲望。

1.什么是欲望

谁也不记得欲望是怎么来的，它似乎是人类与生俱来的。即便是一个刚刚诞生的小生命，随着时间的发展，欲望也会在他身上不断地演变和繁殖。有物质上的衣食住行，有精神上的尊重、认可、快乐、自信、幸福、自由，这些不同的欲望在不同的时间不同的地点不同的人身上尽情表演着，构成了多彩纷呈的世界，点缀了千姿百态的人生。

2.学会控制欲望

人类是欲望的产物，而生命则是欲望的延续，人不可能没有欲望，欲望也不会停止，它会伴随着人的一生。欲望的存在是无可厚非的，但是，人类是高级动物，可以控制自己的欲望，甚至放下自己的欲望，这也是可以做到的。

欲望如水，水能载舟，也能覆舟，就看你如何去对待了。很多时候，我们抱怨生活太痛苦，其实这就是内心的欲望无形之中为自己戴上了枷锁，

禁锢了自己的自由与生命。当你感到沉重的时候，不妨放下内心的欲望，跨越生命，赢得自己的人生。

请珍惜眼前的幸福

有人说：“世间最珍贵的是‘得不到’和‘已失去’。”人们用尽了一辈子去验证这句话，可到了迟暮之年，他们才发现：原来，世间最珍贵的不是“得不到”和“已失去”，而是现在能把握的幸福。流年似水，人生苦短，世界上的许多人，固执地为了追求自己得不到或已经失去的东西放弃了眼前唾手可得的幸福，这是多么不值得啊。

孟子曰：“鱼，我所欲也；熊掌，亦我所欲也。二者不可兼得，舍鱼而取熊掌也。生，我所欲也；义，亦我所欲也。二者不可得兼，舍生而取义也。”人生漫漫路上，我们总是面对着得与失的艰难抉择，得与失就如同一对生死兄弟，我们只能选择其一，有得必有失，有失必有得，这就是哲理所在。其实，在很多时候，我们没有必要去计较得失，只要你怀着一颗感恩的心，珍惜眼前的生活，那么，你将获得更多。

世事变幻风云莫测，祸福旦夕，谁也无法预测，唯有珍惜眼前拥有的幸福。如果你常常抱怨自己失去得太多，那么，不妨豁达一些，珍惜眼前，你就会发现：自己拥有的，并不比别人少。

一个学生向苏格拉底请教，世界上什么东西最宝贵。苏格拉底没有直接回答，他领着他去访问了一个在河边晒太阳的老人。年轻人向老人提出了同样的问题，老人颤颤巍巍地站了起来，羡慕地盯着年轻人容光焕发的脸庞说：“在我看来，世间再没有什么东西比青春更宝贵了。瞧，你

拥有青春多么好！可惜，青春对每个人来说只有一次，我不可能再拥有它了！”

他们一路访问下去，那些拥有权力的人渴望友情，精神压抑的人渴望快乐，门庭若市的人渴望宁静。人们的回答尽管各不相同，但有一点很相似：那些最宝贵的东西，都是已经失去和即将失去的东西。

这时，苏格拉底说：“孩子，世界上的许多东西其实都是十分宝贵的。当我们拥有它的时候浑然不觉，而一旦失去它，便感到它的宝贵了。所以，我们应该学会珍惜，珍惜我们的拥有。”

学会珍惜，这四个看似简单的字，组合在一起，却变成了一个意义涵广的话题。大海广阔无垠，因为它珍惜每一条小溪；群山连绵巍峨，因为它珍惜每一块砾石；树叶繁荣枝茂，因为它珍惜每一缕阳光。人生在世，有许多需要珍惜的东西，人们往往在拥有时不懂得珍惜，在失去之后，才会想到珍惜，但已为时已晚。

1.珍惜眼前

朋友最喜欢木棉花，因为它有美好的花语——珍惜眼前的幸福。身患重病的人会觉得健康是一种幸福，骨肉分离的人会觉得合家团聚是一种幸福。许多在雨夜中赶路被淋得浑身湿透的人都有过这样的感受，当他走进一家亮着灯的小店铺时，一碗热汤给人的幸福感是刻骨铭心的。

为什么一定要等到失去才学会珍惜呢？人生总有得失，我们需要学会珍惜，懂得珍惜，这样才能使我们的生活多几分甜美，少几分遗憾，多一些幸福，少一些痛悔。

2.幸福不是比较来的

人的幸福感永远都是在比较中存在的。一个人可以健康地呼吸，他会认为这是最自然的事情，但是，忽然有一天，他生病了，才明白自由地呼

吸是一件多么幸福的事情。其实，他没有得到什么，也没有失去什么，但是，经历过之后往往会更懂得珍惜眼前的生活以及自己所拥有的一切。

在生活中，我们经常会感到健康、自由、亲情、友情，这些都是极大的幸福，但是，我们在拥有它们的时候，并不知道珍惜。内心欲望的驱使，使得我们想获得更多的东西，其实，我们得到的已经很多，只是不懂得珍惜而已。

请放下心中的抱怨

英国哲学家洛克说："感恩是精神上的一种宝藏。"有两个人看着同样一枝玫瑰，一个说："花下有刺，真讨厌！"另外一个人却说："刺上有花，真好看！"前一个人挑着毛病，盯着不放，所以，在他的生活中充满了抱怨，他注定是不快乐的；而看到花的人，因为怀着一颗感恩的心，尽管刺扎手，但是，他闻到了刺上花朵的芬芳，所以，他能感受到幸福和快乐。这两个人代表了生活中的许多人，同样是面对生活，有的人心中充满了抱怨，有的人却对此充满了感恩之情。

马云曾写了《不要抱怨，学会感恩与敬畏》这样一篇文章，他在里面写道："我心里充满了感恩和运气，我还不如施瓦辛格，远远不如他……阿里巴巴走到现在为止，我想跟大家分享，这11年以来，越到现在越充满感恩，越到现在我们越有敬畏之心……我们总埋怨外面，别人是错的，我

们从来没有想过自己应该干吗，该做什么样的事情来完善自己，这些天我听到了所有的成功人士，所有经历过的人，不管他吃了多少苦，他从来没有抱怨过，施瓦辛格说他感恩，感谢美国，感谢加州，我感谢谁，感谢客户。”马云之所以能获得如此巨大的成功，有人说，是运气，的确，这就是一种运气，因为心中怀着感恩之情，所以，上天才会眷顾他，好远才会接连而来。

从前，在北边的边塞住着一位名叫塞翁的人，他十分善于推测人世吉凶祸福。有一天，塞翁家里的马从马厩里逃跑了，有人看到马越过了边境跑进了胡人居住的地方，邻居们听说了这个消息，都跑来安慰塞翁：“你不要太难过了。”谁料，塞翁一点难过的意思都没有，反而笑着说：“我的马虽然走失了，但这说不定是一件好事呢。”

几个月过去了，塞翁的马自己跑回来了，而且，随着跟来的还有一匹胡地的骏马，邻居们听说这个好消息以后，纷纷跑到塞翁家里来道贺，可是，塞翁反而有点担心地说：“白白得到了这匹骏马，恐怕不是什么好事！”

塞翁有一个儿子，他十分喜欢骑马，有一天，儿子骑着那匹胡地来的骏马外出游玩，结果，一不小心就从马背上摔了下来，还跌断了腿，邻居们知道了这个不幸的消息都跑来塞翁家，劝他不要太伤心，没想到，这时的塞翁却一点都不难过，只是淡淡地说：“我的儿子虽然摔断了腿，但说不定是件好事呢！”邻居们感到十分诧异，心想，塞翁肯定是伤心过头，脑袋都糊涂了。

没过多久，胡人大举入侵，乡里的所有青年男子都被调去当兵，可是，大部分的年轻男子最后都战死了沙场。而塞翁的儿子因为摔断了腿不用去当兵，反而保住了性命。

习惯于抱怨的人，即使福到了，也会变成祸；而那些心怀感激的人，哪怕是祸来了，也会变成福。曾经，有两个人在沙漠里行走，已经艰难跋涉了许多天，两人口渴难忍，这时，他们遇到了一位赶骆驼的老人，慷慨的老人给了他们每人半碗水。面对同样的半碗水，一个人抱怨："这太少了，怎么能解渴呢？"在心中怨气之下，他竟将这半碗水泼掉了，另外一个人虽然也知道这半碗水难以解除自己身体的饥渴，但是，他怀着一份发自内心的感恩，喝下了那半碗水。后来，拒绝那半碗水的人在沙漠中走完了自己人生的最后路程，而那位喝了半碗水的人则走出了沙漠，他开始了全新的生活。

一位哲人说："鲜花感恩雨露，因为雨露滋润它茁壮成长；苍鹰感恩长空，因为长空任它自由飞翔；高山感恩大地，因为大地使它高耸；大海感恩小溪，因为小溪助它辽阔博大。"

1.心灵不要总是被自己占据

萧伯纳说："一个以自我为中心的人，总是在抱怨世界不能顺他的心。"如果一个人的心灵总是被抱怨占据，那么，即使面对再好的东西，他也会从中挑出毛病来。

2.感恩会带来好运

所以，对于人生来说，抱怨永远是个负数，要想人生处处充满阳光，我们就应该以感恩代替抱怨，放弃抱怨，停止抱怨，用感恩取代抱怨，以积极的心态去面对社会，面对这个世界。在很多时候，如果我们用感恩取代心中的抱怨，你会发现好运接踵而至。

抱怨者怀着满腹牢骚，这样不仅解决不了任何问题，反而会增加许多不必要的沮丧和烦恼，即使遇到了幸福，福也有可能变成祸；感恩者用心去体味生活，在他看来，生活处处是阳光，即使遇到了祸，也能变成福。所以，请放下心中的抱怨，长存一颗感恩的心，你会发现自己更好运。

别在抱怨声中丢掉幸福

幸福在哪里？哲人说："幸福不需要刻意寻找，它就像一棵草，散布在葱绿的田野，到处都有。"或许，有人对此表示怀疑：真的是这样吗？我怎么没有感觉到呢？那些没能幸运地感受到幸福的人，他们心中充满了怨气，怨气的浓雾模糊了他们对幸福的感觉。幸福其实就在每个人的身边，时时刻刻环绕着我们，时时刻刻惠顾着我们，怎么会感觉不到呢？

刚认识他的时候，小娜是一个刚刚毕业的大学生，他却是一个落魄的穷书生，虽然，"大学老师"听起来很光鲜亮丽，但对于年轻的他来说，什么都没有，只有一间十几平方米的小屋。因为爱情，小娜还是选择了跟他在一起，朋友表示难以理解："他什么都没有，你跟他在一起会幸福吗？"小娜脸上洋溢着幸福和快乐，说道："他陪在我身边，我很珍惜跟他在一起的日子。"

结婚后，他转行做生意，虽然满脸书生气，但在复杂的商海里，他如鱼得水，应付自如，很快就成为一个成功的商人。小娜还是那张幸福的笑脸，在家里照顾孩子和他，一举一动都充斥着爱的气息。无论他晚上回来有多晚，小娜总是将热腾腾的饭菜端上来，她明白在外应酬大多数时候都得喝酒，她担心他的胃。有时候，总有一些闲言碎语，说着公司那个美丽

的女秘书，可小娜却笑着回应：“应该感激有这样能干的秘书帮助他，我在家里也省心了。”这话被传到了公司，渐渐地，女秘书竟成了小娜的闺中密友。一转眼，小娜结婚也有十年了，有人问她幸福的秘诀是什么，小娜只是微微一笑，说道：“幸福就是怀着一颗感恩的心。”

在西方流传着这样一句谚语：“所谓幸福，是有一颗感恩的心，一个健康的身体，一份称心的工作，一位深爱你的爱人，一帮可信赖的朋友。”在这里，感恩是幸福之首，获得幸福的首要条件是拥有一颗感恩的心，知感恩，你才会获得真正的幸福。有的人不懂得珍惜眼前的幸福，总觉得别人都欠自己的，总认为别人对自己不够好，总觉得自己的生活不够完美，在抱怨声声中，他们亲手抛弃了幸福。

在办公室，同事们经常听到阿兰这样的声音：“办公室工作，清闲倒是清闲，可没有什么油水，不像你们做业务的，一笔单子就相当于我干一年……”“什么？你的年终奖有1万啊？凭什么你们公司这么大方啊？我跟你的工作差不多，可我的年终奖才不到3000，还是你们公司好，真大方……”“你老公真有本事，都自己开公司了，唉，哪像我那位，只能是打工仔的命咯……”在同事们看来，阿兰太喜欢比较了，远到以前的同学，近到现在的同事，她都要比一比，常常是絮絮叨叨地抱怨：“比我强？凭什么？”

在公司，同事们都避开她，中午大家在食堂吃饭，只要是阿兰在场，同事们都会主动谈起自己的倒霉事：“哎呀，我昨天又丢了一张大单子，损失不小哇……”大家都觉得，若是谈论一些倒霉的事情，也许能相对降低阿兰的心理敏感度。时间长了，阿兰也知道了同事们的用心，有时候，她也这样问自己：“我只不过才工作一年，而且这份工作又稳定，衣食无忧，还有什么不满意的呢？”同事也经常安慰她：“你看你，这么年轻就做办公室工作，多有福气……”逐渐地，阿兰懂得感恩，开始珍惜自己眼前的幸福与快乐，那些比较、抱怨的声音越来越少了。

许多人都有这样一个特点：过分地去比较，而忽视了自身的价值。在日常生活中，他们所关注的是，谁又升职了，谁又买房了，谁又换车了，再想想自己的生活，却是一成不变，心理失去了平衡，抱怨就开始了。事实上，没有升职，没有房子，没有车子，我们依然可以幸福，幸福并不是建立在比较之上，而是珍惜眼前。所以，请珍惜眼前的幸福，用感恩的心驱走心底的怨气。

托尔斯泰说：“我并不具有我所爱的一切，只是我所有的一切都是我所爱的。”当一个人内心充满了感恩，那么，他对生活就会充满了爱。而爱自己的生活，就一定会感受到幸福。

1.学会欣赏生活

人们常常身处幸福之中，却感受不到幸福，因为缺少了那份感恩之情。学会欣赏生活中一切美好的事物，对身边每一个关爱自己的人心存感激，慢慢地，你会发现自己的需求变得越来越简单，心态也越来越平和，你能够从那看似平淡的生活中捕捉到幸福快乐的因子。所以，一个知感恩的人才是心态端正、心理健康、心智成熟的人。

2.珍惜眼前幸福

一位作家这样写道：“家庭也好，单位也好，部门也好，都是由一个活生生的人组成的，要实现整体的和谐，需要每一个成员的共同努力，最主要的是大家都应保持健康的心态，常怀一颗感恩之心。”这些都是我们眼前那稍纵即逝的幸福，如果不懂得感恩，心中必会充满抱怨：菜太咸了！朋友能出去旅行，而自己呢？每天辛苦工作，工资却少得可怜。若怨气占据了一个人的内心，幸福就会擦肩而过，所以，请珍惜眼前的幸福，

用感恩驱走内心抱怨的雾气。

每天，我们能从母亲手中接过饭碗，吃上香甜可口的饭菜，内心感激有一个疼爱自己的母亲；坐在桌边读着朋友的来信，内心感激有一个难得的知心朋友；坐在阳光洒落的办公室，内心感激拥有一份自己喜欢的工作。

第10章

抱怨太多，因为你不够努力

这个世界上东西不外乎两种——衰运和抱怨。两者之间存在着紧密的关系，衰运孕育了抱怨，抱怨又导致衰运。抱怨的人会觉得：我的人生之所以这样，是因为运气不好，出身不好。换个角度，你抱怨太多，实则完全是因为自己努力不够。

抱怨运气太差，其实是不够努力

许多人总是对身边那些做出成就的人抱以羡慕嫉妒的眼光，感叹自己命运多舛，运气很差。不过，请重新审视一下自己，真的是因为运气很差吗？运气往往与努力相连，如果足够努力，那好运自然会到来。在这个世界，没有无缘无故的好运，所有的好运都是努力而来的。做人做事用多大的力气，就会有多成功。应该永远记住一句话：越努力，越幸运。

在不少人眼里，莎莉是一个努力的女孩，她几乎一年365天都在工作。在几年前，她看起来还有点婴儿肥，现在却摇身一变成为了纤瘦励志女神。当然，莎莉的变化不仅在外表上，她还陆续推出了有影响力的作品，其能力也得到大家的认可，可以说是圈内的劳模代表。

但是，面对这些变化，莎莉说："我希望努力度过每天，做最棒的自己，努力是我一个很好的开始。"其实，莎莉从小没有想过自己会成为活跃在大荧幕上的明星。小时候莎莉的父母对她要求很严格，让她学画画、硬笔书法、琵琶等，涉猎广泛，在这个过程中莎莉慢慢明白努力有多么重要。父母经常对莎莉说："你可以不是第一名，但你一定要是最努力的那一个。"所以，一直以来莎莉都坚信"越努力越幸运"，她希望通过自己的努力来赢得一次又一次的好运。她说："加倍努力，终于让我化茧成蝶。"

在通往成功的路途上，任何的抱怨都无济于事，任何的借口都是白搭，唯有努力才是真刀实枪的本事。努力的人，不用去寻找好运，因为他就是好运。越努力越好运，这确实是一个成功的奥秘。努力本身带给我们的有益的东西远远多于成功，在努力的过程中，不断磨炼，不断尝试，到成功那一天，所有的努力都会聚沙成塔，成就自我。

1.成功始于不懈努力

正如一位哲人所言：成功者大都起始于不好的环境并经历许多令人心碎的挣扎和奋斗，他们生命的转折点通常都是在危急时刻才降临。经历了这些沧桑之后，他们才具有了更健全的人格和更强大的力量。

2.放下烦躁

请放下你的浮躁，放下你的懒惰，放下三分钟热度，放空容易受诱惑的大脑，放开容易被新奇事物吸引的眼睛，闭上喜欢聊八卦的嘴巴，静下心来好好努力。当你认真地努力之后，你会发现自己比想象中更优秀，好运也会在期待中降临。

你知道吗？风往哪个方向吹，草就往哪个方向倒。你要做风，即便最后遍体鳞伤，也会长出翅膀，勇敢地飞翔。一个人如果缺少棱角、缺少勇气，无法选择走自己的路，那他只能成为被风吹倒的草。所以，大胆走自己的路，努力吧，总有一天，你会成为翱翔的雄鹰，繁华褪尽，剩下的只有荣光。

不竭尽全力就没资格说努力过

成功是建立在全力以赴、尽职尽责做好日常工作的基础之上的。千万不要小看一些事情，因为它们往往是决定成败的关键。做每一件事情，年轻人都需要全力以赴、尽职尽责，当我们在完成一项事情的时候，不管结果怎么样，先问自己：在做这件事情的时候，自己是否考虑全面了，自己是否竭尽全力？这才是成功者通常的习惯。也正因为这个习惯，使得成功者在每一次努力中总是能收获很多，因为每一个细节他都考虑到了，他从来不做半途而废的事情。

每个人都有极大的潜能，通常情况下，一般人的潜能只开发了2%—8%，即便是像爱因斯坦那样伟大的科学家，也只是开发了12%左右。有人为此得出了这样一个结论：一个人假如开发了50%的潜能，就可能牢记400本教科书，可以学完十几所大学的课程，还可以掌握二十来种不同国家的语言。如果你还在努力辩解说“我已经努力了”，那只能说你这样的辩解是苍白的，因为只有努力还不够，必须全力以赴才行。

有一只品种优良的猎狗，被主人训练得十分壮硕，追捕猎物速度很快，而且反应非常敏捷。对于追捕猎物这件事，这只猎狗可以说是驾轻就熟，就好像熟练的渔夫捕鱼。

有一次，主人带着这只猎狗去狩猎，老远发现一只狐狸，主人用枪射击，准头不够，让狐狸给逃脱了。主人一声令下，猎狗便展开自己最拿手的追捕工作。虽然，森林里全是狐狸的天地，它对路径十分熟练，跑得飞跑，不过，猎狗也不含糊，追捕之间，过程紧张迭起。

狐狸看起来比较瘦小，跑不过猎狗，眼看就要被追上。突然，一个蹿身，狐狸转往另一条路径去了，猎狗一不留神，身子受了点擦伤，有点

痛。它一边舔着自己的伤口，一边想：唉！我追得这么累干吗！追不到狐狸，我也不会饿到肚子啊！念头刚刚闪现在脑海里，它的速度已经慢了下来。这时狐狸又跑远了。

算了，现在早已经脱离了主人视线，反正主人看不到。猎狗又起了放弃的念头，速度又迟缓起来。

最后，狐狸终于脱离了猎狗的追捕。

一个人做任何事情，心中的意图强烈与否都会大大影响到最终的结果。猎狗没有饿肚子的疑虑，因此放弃的念头轻易闪现，总是想着自己的退路，所以它很容易就放弃了。而狐狸呢？对它而言这是一场生死竞跑，跑慢了就会没命，所以它不敢偷懒，它已经没有退路了，只有不断向前跑，才能活下命来。做任何事情都是一样的道理，若我们全力以赴，破釜沉舟，就一定能成功。假如我们心中先有预想，早早地找好了退路，那么成功就比较困难。

在美国西雅图的一所著名教堂里，有一位德高望重的牧师——戴尔·泰勒。有一天，他向教会学校一个班的学生讲了下面这个故事：

那年冬天，猎人带着猎狗去打猎。猎人一枪击中了一只兔子的后腿，受伤的兔子拼命地逃生，猎狗在其后穷追不舍。可是追了一阵子，兔子跑得越来越远了，猎狗知道实在追不上了，只好悻悻地回到了猎人身边。

猎人气急败坏地说：“你真没用，连一只受伤的兔子都追不到！”猎狗听了很不服气地辩解道：“我已经尽力而为了呀！”

再说兔子，它带着枪伤成功地逃生回了家，兄弟们都围过来惊讶地问它：“那只猎狗很凶啊，你又受了伤，是怎么甩掉它的呢？”

兔子说：“它是尽力而为，我是竭尽全力呀！它没追上我，最多挨一顿骂，而我若不竭尽全力地跑，可就没命了呀！”

泰勒牧师讲完故事之后，又向全班郑重其事地承诺：谁能背出《圣经——马太福音》中第五章到第七章的全部内容，他就邀请谁去西雅图的“太空针”高塔餐厅参加免费聚餐会。《圣经——马太福音》中第五章到第七章的全部内容有几万字，而且不押韵，要背诵其全文无疑有相当大的难度。尽管参加免费聚餐会是许多学生梦寐以求的事情，但是几乎所有的人都浅尝辄止，望而却步了。

几天后，班中一个11岁的男孩儿，胸有成竹地在泰勒牧师面前，从头到尾地按要求背了下来，竟然一字不漏，没出一点差错，而且到了最后，简直成了声情并茂的朗诵。

泰勒牧师比别人更清楚，就是在成年的信徒中，能背诵这些篇幅的人也是罕见的，何况是一个孩子。泰勒牧师在赞叹男孩那惊人记忆力的同时，不禁好奇地问：“你为什么能背下这么长的文字？”

这个男孩不假思索地回答说：“我竭尽全力。”16年后，这个男孩成了世界著名软件公司的老板，他就是比尔·盖茨。

当我们毫无保留、竭尽全力地去做一件事情的时候，结果往往是成功的。在生活中，这样的例子是很多的，有些事情从表面上看是极其困难的，但只要我们全力以赴，不保留、不妥协，不总是想着自己还有退路，那我们最终是可以成功的。

1.你付出全力了吗

在很多时候，我们之所以失败了，不是因为路途太艰难，而是我们丧失了继续前进的勇气，也就是说，我们没付出全力。

2.苦和累只是暂时的

眼前的苦与累又算得了什么呢？再苦再累，那只是暂时的，只要熬过了这段时间，未来的日子就是值得期待的，因为苦尽终会甘来，我们所能

尝到的是成功的滋味。上帝总是在让你尝到快乐与幸福之前，习惯性地给你一些考验，即便在你看来这个考验的过程是又苦又累的，但只要你全力以赴，努力支撑，即便遇到再大的困难与挫折也选择不放弃，你就一定能品尝到成功的快乐。

只有不留退路，才更容易找到出路。反之，如果你总是想着退路，就很难获得成功。一个人若是太纵容自己的懒惰和欲望，就很容易迷失方向。或许，有人会说，不留退路是不明智的选择，有了退路，才能在危险的浪潮中获得更多生存的机会。然而，人们很容易忽视，对于大多数人而言，退路往往是诱惑人、蒙蔽人的因子，只要想到了退路，人们就会觉得这次不全力以赴还会有下次机会。而往往就是在这个时候，成功与我们失之交臂。

你是三分钟热情先生吗

有人问著名的组织学家聂弗梅瓦基为什么一生都花在研究蠕虫的构造上，聂弗梅瓦基回答说：“你可知道，蠕虫这么长，而人生却这么短。”的确，一个人的生命是有限的，而科学研究是无止境的。简而言之，如果你想获得事业的成功，就必须持之以恒，甚至付出毕生心血，对于成功而言，恒心就是力量。

在人类历史的长河中，那些卓有成就的人都是这样成功的。宋代司马光编写《资治通鉴》，历时19年才截稿，但那时他已经是老眼昏花，不久

就去世了；明代李时珍撰写《本草纲目》，几乎跑遍了名川大山，收集了无数资料，耗费了整整27年的时间，才铸就了这部巨著；谈迁花了20多年的时间才完成了《国榷》，不料完成之后书稿被小偷盗走了，无奈之下，他又开始重新撰写，用了8年的时间才完成。这些例子都足以说明，无论做什么事情，只有持之以恒、呕心沥血，竭尽毕生，才能到达成功的巅峰；若只有三分钟热情，那最终你只能一事无成。

从前，有一名和尚叫一了，他的耐性不够，做事情时只要稍稍有点困难，就很容易气馁，不肯锲而不舍地做下去。

有一天晚上，师父给他一块木板和一把小刀，要他在木板上切一条刀痕，当一了切好一刀以后，师父就把木板和小刀锁在他的抽屉里。以后，每天晚上，师父都要小和尚在切过的痕迹上再切一次，这样连续了好几天。

终于到了一天晚上，一了和尚一刀下去，把木板切成了两大块。师父说："你大概想不到那么一点点力气就能把一块木板切成两大块吧？一个人一生的成败，并不在于他一下子用多大的力气，而在于他是否能持之以恒。"

古人云："事当难处之时，只让退一步，便容易处；功到将成之候，若放松一着，便不能成。"在生活中，有很多事情，并不是仅仅依靠三分钟热情就可以做好的，也不是一朝一夕就能做到的，而是需要持之以恒的精神，我们必须要付出时间和代价，甚至是一生的努力。当然，在这个过程中，我们需要忍耐，坚持、再坚持，等待机会和成功的来临。

著名数学家高斯从小就很喜欢学习，而且在数学领域表现出卓越的才能。有一次，父亲正在算账，高斯静静地在旁边看着，当父亲算出数目时，高斯却告诉父亲："父亲，这个账目不太对，你看应该是……"按照

高斯的方式检验后，父亲发现儿子是对的。

高斯7岁时被父亲送到附近的学校读书，当时，他是班里年纪最小的，不过数学成绩最优秀，所以总是受到老师的夸奖。虽然成绩优异，但小高斯依然不敢松懈，平时学习特别努力，白天上课时认真听课，平时也会利用很多时间来做数学练习题，阅读相关的著作。

每到夜深人静的时候，高斯就会提着自己利用萝卜和油脂做的小油灯爬上顶楼，在很暗的光线下，认真地学习数学，直到很晚才休息。而且，他在平时的学习中有许多领悟和经验，比如解题的新发现以及特别的解题方法，他将这些感想写成“数学日记”。

高斯18岁那年，轰动了整个数学界。因为他成功地解决了当时自希腊数学家欧几里德以来两千多年一直悬而未决的数学难题。

有人曾问高斯：“你为什么在科学上赢得如此多的成就？”高斯回答说：“如果你和我一样认真且持久地思考数学真理，你也会获得同样的成就。”

高斯成功的秘诀就是“专心致志，持之以恒”，他研究数学，总是坚持到底，他最反对的就是做事半途而废。当他在对一些重要的定理进行证明的时候，总是利用多种解决、证明的方法，并从中发现最简单和最有力的证明。正是因为高斯如此持之以恒地钻研数学，才为科学事业的发展作出了卓越的贡献。

1.坚持到底

生活中，那些“三分钟热情”的人，尽管他们接触了不同的工作，涉足了不同的行业，但他们只是在猎奇的过程中获得了满足，最终，他们将一事无成。相反，那些只做了一件事情并坚持到底的人，他们往往能在某个行业或某个领域达到一定的高度，他们才是真正的成功者。

2.控制自己的激情

做事不能只有“三分钟热情”，而是需要在保温中加温，需要持之以恒，这样才能有所为、有所不为。现代社会，不少年轻人在刚开始工作时满腔热血，但时间久了就慢慢地懈怠了，最终一事无成。其实，工作不是仅仅依靠热情就能做好的，它更需要在保温中加温，坚持、坚持、再坚持，而不是三分钟热度，只有做到了这些，你才是真正的职业人。

3.学做“龟兔赛跑”里的乌龟

我们都听过龟兔赛跑的故事，在生活中，我们的身边经常也会出现“龟兔赛跑”的例子。有的人成了爱睡觉、对事情三分钟热情的“兔子”，他们总是情绪不稳，一会儿想要夺冠，一会儿想要偷懒，结果造成了三分钟热情的现象。而有的人则是慢腾腾的“乌龟”，虽然跑得比较慢，但他们情绪和心态都比较稳定，认定了一个目标就认真地去完成，这样反而适应了社会的规律，最终夺冠。

那些做事只有三分钟热情的人，他们似乎还没有进入真正的角色，有些人甚至对做事很不耐烦，他们的三分钟热度就好像是一种预警，预示着他们会放弃，或者被社会淘汰。在更多的情况下，他们往往会在东奔西跑中一事无成。

羡慕嫉妒，不如努力拼搏

不知从什么时候开始，人们嘴里开始念叨着“羡慕、嫉妒、恨”，这样一种情绪竟然成了一句流行语。人们因为不满情绪的递增而强烈到不能自拔：羡慕是一种向往、崇拜，同时，它是嫉妒的萌芽，一个人对他人充满了嫉妒，其中肯定夹杂着羡慕的情绪；嫉妒是羡慕华丽的转身，当羡慕不能改变自己的现状，他人依然有着自己不能超越的能力，那样一种羡慕就会递增为嫉妒；恨，则是嫉妒的极限，它是由嫉妒心而延伸的，一个人若总见不得别人的好，心底就会对某人产生憎恨的情绪。

“羡慕、嫉妒、恨”看起来更像是一种修辞，不仅强化了中心词“嫉妒”的表达效果，也包含了嫉妒的来龙去脉——嫉妒，到底源自哪里，又将演变成什么。可是，“羡慕、嫉妒、恨”又能怎么样呢？那些我们不能改变的东西依然改变不了，无论是羡慕、嫉妒，还是恨，都只是我们自己的情绪表达，所伤害的其实是自己，并不会给他人增添多少烦恼。与其“羡慕、嫉妒、恨”，不如“努力、奋斗、拼”，化嫉妒为动力，如此，我们才能将嫉妒之心消灭。

阿部次郎在《人格主义》里写道：“什么是嫉妒？那就是对于别人的价值伴随着憎恶的羡慕。”嫉妒源自于羡慕，不过，彼此之间也有细微的差异：羡慕，是指看到别人有某种长处、好处或有利条件，希望自己也能获得同样的东西；嫉妒，是指看到别人拥有这些东西，产生情绪抵触，顿时心生恨意。“羡慕、嫉妒、恨”刻画了嫉妒的成长轨迹，羡慕只是嫉妒的表层，恨才是嫉妒的核心。歌德更是一句话道出了“嫉妒”与“恨”的关系，他这样说：“憎恨是积极的不快，嫉妒是消极的不快，所以，嫉妒很容易转化为憎恨，就不足为奇了。”

小宋从一名小职员荣升成部门经理，大家都感到十分诧异，是怎样一种力量让一个平庸得不能再平庸的人也登上了成功的山顶呢？在公司表彰大会上，小宋道出了自己的秘密："许多人都问我，你是怎么做到的？刚开始，我总是沉默不语，其实，在我内心有一点点羞愧，本来，我打算永远不说这个秘密的。可是，现在我发现，我需要将这个秘密告诉你们，这样，避免你们像我一样，被无谓的烦恼所困扰。"公司同事都屏住了呼吸，希望自己能从小宋那里借鉴到什么。

小宋微笑着说道："我想你们一定不了解我是一个什么样的人，其实，我以前是一个嫉妒心很强的人。从小，家庭的贫穷让我对那些富裕的同学心生嫉妒，为此，我甚至仇恨父母，为什么我会出生在这样一个贫穷的家庭。这样一种嫉妒的心理一直支撑到我大学毕业，因为嫉妒别人，总想超过别人，这样的一种信念让我在遇到困难时萌发出一股强大力量。大学毕业后，我进入了这家公司，这时，我似乎已经忘记了心中的嫉妒，因为在过去的那么多年里，我勤奋学习，浑然忘记了去嫉妒别人。初到公司，我就暗暗发誓：以前是我嫉妒别人，现在我要放下那些所谓的嫉妒，要努力变成一个令人嫉妒的人。我不知道现在我是不是真的成了这样一个人，但是，我需要告诉你们的是，我已经不去在意是不是了，因为嫉妒已经完全远离了我。"话音刚落，台下响起了雷鸣般的掌声。

有的人看见办公室同事凭着漂亮的脸蛋和一张会说话的嘴把上司哄得眉开眼笑，就会心生嫉妒，常常在背后说一些风凉话："有什么了不起，看她都快成了经理的'小蜜'了。"或许，不少人都有这样的经历，其实，这就是"职场嫉妒病"。一个人要赢得上司的重视，有很多种方式，一定要凭借着自己那强烈的嫉妒心吗？你越是嫉妒，越是长他人志气，灭自己威风；不如收敛自己的脾气，控制自己的情绪，为自己打气。当你通

过一番拼搏站在了成功的位置上时，再让别人来对你羡慕、嫉妒吧！

小王和小李是大学同学，大学毕业后，他们进入了同一家公司。或许，在别人看来，这是多么奇妙的缘分，可对于小王来说，却是有苦说不出。原来，两人虽然是大学同学，但也是大学时代的竞争对手。在班里，小王是班长，小李是副班长，学习成绩彼此不相上下，如果小王在歌唱大赛中得奖了，那么，小李肯定会在诗歌朗诵中取得优异的成绩。在各方面，小李似乎都略胜一筹，这让小王感到大学生涯是多么痛苦。另外，小王克制不了自己对小李的嫉妒心，每次只要听到小李有了什么成绩，小王心中就有一种深深的恨意。

上班第一天，小李友好地向小王打招呼，没想到，小王只是冷冷地回看了他一眼。小王在心里暗暗下决心：这一次，我一定要超过你！可是，在第二天，小王就遭受了打击，小李被任命为经理助理，职位一下子就高了很多。小王忍不住说了句风凉话："没想到，你还是跟大学一样，手段了得。"小李忍住心中的不快，笑着说："你说话总是这样犀利，其实，你也可以的，不妨把对我的恨意化作动力吧！"小王呆住了，自己以前那么嫉妒、那么仇恨，可是什么都没有改变，小李还是那么优秀。如果早点将那种羡慕、嫉妒、恨化作努力、奋斗、拼，自己或许早就脱离苦海了。

培根说："人可以容忍一个陌生人的发迹，但绝不能忍受一个身边人的上升。"距离产生美，而近距离的接触只会产生嫉妒。一个人一旦心生嫉妒，他就变得"卑劣"了，他会静静地待着，等着他人出现错误，甚至开始处心积虑地为他人制造出一些麻烦。

事实上，有着强烈嫉妒心的人与"小人"没有实质的差异。一般的嫉妒，只会停留在心理层面上的"恨"，对他人并不会造成多大的伤害；强烈的嫉妒心，会促使嫉妒者采用一切卑劣的手段来增加自己的高度。

1.别陷入嫉妒的病态心理

其实，嫉妒心是人的一种本能，谁没有嫉妒过别人呢？只是，每个人嫉妒心的强弱程度不同，微弱的嫉妒可以激发人的进取心和竞争意识，这根本不算什么坏事；但是，如果一个人的嫉妒心过于强烈，整日里痛苦着别人的幸福，幸福着别人的痛苦，时间长了，就会陷入一种病态心理。

2.与其嫉妒，不如努力拼搏

嫉妒源于不如人，对一个人来说，若是被人嫉妒，这是一种精神上的优越和快感；嫉妒别人，只会加深自己的懊恼、羞愧，打击自信心。所谓“学到知羞处，才知艺不精”，当你嫉妒一个人的时候，是否意识到自己的短处了呢？

对别人产生了嫉妒心并不可怕，关键是我们能否正确看待嫉妒心。不妨借着嫉妒心理促使自己奋发努力，化嫉妒心为动力，超过对方。古人说：“临渊羡鱼，不如退而结网。”不要对他人产生“羡慕、嫉妒、恨”这样的情绪，而应化嫉妒为力量，自觉地将“恨”转化为“拼”，自强不息，让自己真正地进步！

因为平凡，更要用努力换天分

许多人觉得自己很平凡，能力很普通，先天条件的欠缺导致他们对自己丧失了信心，在他们看来，不管自己如何努力，最终都只会成为一个

平庸的人。因为抱着这样的想法，所以他们不想去努力，浑浑噩噩地生活着，甚至有的人选择了自甘堕落的生活。然而，我们不能忘记，成功的路从来不是一帆风顺的。许多人也曾迷茫过，也曾不知道未来究竟在哪里，但是，他们以自己成功的经历告诉我们：相信梦想，梦想自然会回馈于你，努力比任何东西都来得真实，用坚韧换机遇，用时间换天分，哪怕走得很慢，但终会抵达。

有一个孩子想不明白为什么自己的同桌每次都能考第一，而自己每次却只能排在他的后面。

回家后他问道："妈妈，我是不是比别人笨？我觉得我和他一样听老师的话，一样认真地做作业，可是，为什么我总比他落后？"妈妈听了儿子的话，感觉到儿子开始有自尊心了，而这种自尊心正在被学校的排名伤害着。她望着儿子，没有回答，因为她不知道该怎样回答。又一次考试后，孩子考了第20名，而他的同桌还是第一名。回家后，儿子又问了同样的问题。她真想说，人的智力确实有高低之分，考第一的人，脑子就是比一般人灵活。然而，这样的回答，难道是孩子真想知道的答案吗？她庆幸自己没说出口。

应该怎样回答儿子的问题呢？有几次，她真想重复那几句被上万个父母重复了上万次的话——你太贪玩了；你在学习上还不够勤奋；和别人比起来还不够努力……以此来搪塞儿子。然而，像她儿子这样脑袋不够聪明、在班上成绩不甚突出的孩子，平时活得还不够辛苦吗？所以她没有那么做，她想为儿子的问题找到一个完美的答案。

儿子小学毕业了，虽然他比过去更加刻苦，但依然没赶上他的同桌；不过与过去相比，他的成绩一直在提高。为了对儿子的进步表示赞赏，她带他去看了一次大海。就在这次旅行中，这位母亲回答了儿子的问题。

母亲和儿子坐在沙滩上，她指着海面对儿子说："你看那些在海边争食的鸟儿，当海浪打来的时候，小灰雀总能迅速地飞起，它们拍打两三下翅膀就升入了天空；而海鸥总显得非常笨拙，它们从沙滩飞向天空总要很长时间，然而，真正能飞跃过大洋的还是它们。"

"海鸥总显得非常笨拙，它们从沙滩飞向天空总要很长时间，然而，真正能飞跃过大洋的还是它们。"平凡又怎样，不起眼又怎样，只要你努力，一样可以飞过大洋。当我们在讨论这个问题的时候，年轻人应该反思的是自己是否努力过，如果你连努力都不曾有，又何必抱怨这个社会太现实呢?

大学毕业后，威廉的求职战役正式打响了，他向大部分知名企业投递了大概20多份简历。那真是一段不堪回首的岁月，他天天跑招聘会，但自己的努力得不到任何回应，那些投递出去的简历石沉大海杳无音讯。好不容易有几家公司通知面试，但找工作的路途依然是曲折坎坷。

威廉在笔试上失意过，在群面时因插不上话而被刷掉，和许多求职的年轻人一样，他曾经历过低谷期，但他始终努力着。遇见太多糟糕的事情，他反而觉得一切都会慢慢好起来；情绪太过糟糕，他反而知道应该如何来梳理情绪；了解了自己的缺点之后，他反而知道什么工作才是最适合自己的。在每一次求职失败后，威廉都会反思自己的缺陷和不足，总结失败的经验，从来没有放弃过努力。

威廉说："天赋决定了一个人的上限，努力则决定了一个人的下限。"许多年轻人根本没有努力到可以拼搏天赋，就已经放弃了，威廉深知自己没有一步登天的天赋，所以只能用努力来弥补天分。

当然，最后威廉如愿找到了一份好工作，这与他平时的努力是分不开的。

成功恰巧就是运气撞到了努力而已，努力永远不会有错，即便现在无法感受到努力的回报，但未来的一天你总会受益。选择自己喜欢的事情，然后努力到坚持不下去为止，相信梦想，更要相信努力，因为遗憾比失败更可怕。

1.是否有努力到底的决心

当我们在追逐梦想的时候，这个世界总会制造出许多挫折与困难来阻挡你，残酷的现实会捆住你的手脚，但这些都不重要，重要的是你是否有努力到底的决心。

2.不懈努力才能走到最后

我们都听过龟兔赛跑的故事。兔子机灵，跑得快，它以为自己胜券在握，所以它安心地睡起了大觉。谁知道，看起来慢吞吞的乌龟却以自己百倍的努力以及坚持不懈的精神最先到达了终点。谁能笑到最后，还真是不一定。

3.越努力才越幸运

平庸并不可怕，可怕的是永远平庸。既然上帝没有给予天赋，那我们就用后天的努力来弥补。越努力越幸运，如果你觉得自己平凡，那就用努力换天分。当然，在这个过程中，我们要始终相信努力奋斗的意义，让未来的你，感谢现在拼命努力的自己。

坚持不懈可以在你失去动力的时候帮助你继续你的行动，这样可以令结果渐渐好转。坚持不懈最终会产生它的动机。只要保持你的努力，你最终就会得到回报，这个回报可以为你带来强大的动力。

第11章

不抱怨，花时间做更有意义的事情

每天你花了多少时间来抱怨？当别人在努力工作的时候，你在抱怨；当别人在陪伴家人的时候，你在抱怨；当别人在享受生活的时候，你在抱怨。远离抱怨，化怨气为动力，把抱怨的时间用来做更有意义的事情，你收获的将是一个更好的世界。

抱怨时间不够，其实你有的是时间

或许你是一个平凡的家庭主妇，每天在灶台与客厅间忙碌着，几乎没有一点儿闲暇的时间。但事实上，时间依然可以像海绵里的水一样被挤出来。日本作家吉本芭娜娜先后出版四十本小说和近三十本随笔集，即便她有了孩子，也依然坚持写作，每天与时间赛跑。为了争取多一点时间写作，她总是很拼命，有时甚至会站着吃饭。估计许多人看到这里会感到羞愧吧，比起吉本芭娜娜，许多人总是感慨自己时间不够、事情做不完，却从来不去利用那些零碎的时间。

杰森·基德作为美国职业篮球协会1994—1995年赛季的最佳新秀，其成功的座右铭是——没有任何借口。

在杰森·基德小时候，他的父亲常常带着他去打保龄球。当时，基德打得不怎么好，不过他总会跟父亲解释自己为什么打得不好。这时父亲就严厉地告诉他："你别再为自己找借口了，这些不是你打得不好的理由，我能说出你打得不好的原因是没有时间练习。"从那时候起，基德就学会了不为自己找任何借口。即便成年后的基德，也总是竭尽所能地多练习，以此提高自己的技术。所以，每当达拉斯小牛队练完球，基德总是一个人留下继续练习投篮，当然，成功最终给了他最好的努力理由。

生活中很多小习惯、小细节，如总是为自己没有完成的事情找借口，

都是影响你是否成功的关键因素。大部分人的借口都是“我很忙”“我没时间”。失败是没有任何借口的，失败了就是失败了，我们在接受失败这个事实的同时，需要反省自己，而不是为失败寻找借口。当然，成功并不是随随便便就能获得的，我们必须付出艰辛的努力，在成功的道路上，我们要不断为之寻找理由，那些坚持、付出的汗水与艰辛都可以铸就最后的成功。

1.时间总会有的

人们对于自己的未来总会有很多规划，而当他们未能完成时总是推诿：“我最近太忙，根本没有时间。”试问，如果你想有所获得，有所成就，做哪一件事不会耗费时间呢？

2.忙和没时间是借口

我们经常看到优秀者，其举手投足优雅，且写得一手好字。当你在羡慕对方的时候，是否想过对方为了培养仪态、练字而一个人度过了多少沉默时光呢？忙和没时间是最烂的借口，因为每个人的时间都是一样的，之所以会抱怨没时间，不过是因为你在其他事情上浪费了时间。

3.努力与时间赛跑

财经作家吴晓波说：“每一件与众不同的绝世好东西，其实都是以无比寂寞的勤奋为前提的，要么是血，要么是汗，要么是大把大把的曼妙青春好时光。”如果人们倾力付出自己的努力，那早晚会从量变到质变。你现在每走的一个脚印，都会成为将来实现人生飞跃的跳板。人们总会定下许多计划，看书、运动、旅行等，却常常因没有时间而不得不放弃。

难道你的生活真的有那么忙吗？真相到底如何，每个人自己心知肚明，别总以忙和没时间当借口，那不过是在为自己的懒惰找理由而已。你若坚持努力，一定会发光，因为时间是所向披靡的武器，能聚沙成塔，将人生一切的不可能都变成可能。

把时间用在值得的事情上

生活中普遍存在这样一种现象：一个人如果觉得这是一件不值得做的事情，他往往会持冷嘲热讽、敷衍了事的态度。换句话说，对于他认为不值得去做的事情，那就不值得去做好。由于这种心理，使得他在从事自认为不值得的事情的时候，难以成功；即使成功了，他也体会不到多大的成就感。每个人都有不同的价值观，而人们去做事情的标准则是：只有符合自己价值观的事情，他们才会满怀热情地去做。对于符合自己价值观的事情，他们能够做得很好；反之，与自己价值观不相符合的事情，他们很难做好，因为缺乏足够的热情。这就是心理学上的“不值得定律”。在职场中，同样一份工作，在不同的环境下，它所给我们的感受是不同的。比如，在一家大公司，初入职场的你被安排做打杂跑腿的工作，很可能你认为这是不值得，结果，你就连一些小事情都不能做好；反之，一旦你晋升了职位，你就会觉得这份工作是很难得的，自己一定要好好努力工作，因为它值得你去为之努力。

“我喜欢创作，而我却在做指挥。”这个矛盾一直折磨着世界著名的指挥家——伦纳德·伯恩斯坦。虽然，他无数次站在舞台上接受掌声和鲜花，但是，他心里是不愉快的，总是感到阵阵隐痛和遗憾。生活中，我们常说“选择你所爱的，爱你所选择的”，其实，说的就是这个道理。当我们选择的是我们所感兴趣或认为有价值的事情，那么，我们就会激发出全身的力量去努力，心理也会相对坦然很多。对此，“不值得定律”给予我们这样的启示：不值得做的事情不要做，值得做的事情就要把它做好。当然，什么是值得的，什么又是不值得的，这根源于每个人的价值观。

小杜是计算机专业的硕士生，毕业后去了一家大型软件公司工作。工作没多久，他就凭着深厚的专业基础和出色的工作能力，为公司开发出一套大型的财务管理软件，为此，他得到了公司同事的称赞和上司的肯定。

就在去年，小杜被提升为开发部经理，在上司看来，他不仅精通技术，而且是一个值得下属信任和尊敬的上司，而他所领导的开发部也确实屡创佳绩。公司老总认为小杜是一个不可多得的人才，就把他提升为总经办，负责全公司的管理公司。接到任命通知书后，小杜并没有显得多么高兴，他明白自己的特长是技术而不是管理，如果自己纯粹去做管理工作，会使自己的特长无法发挥，而自己的专业技术也将荒废。更关键的是，自己并不喜欢做管理，在小杜看来，那是不值得去做的工作。

可是，碍于上司的权威和面子，小杜还是接受这份对他来说不值得做的事情。果然，在接下来的一个月里，虽然小杜作出了最大的努力，但还是令人失望。上司难以体会到他的苦衷，也开始对他施加压力。如今，小杜不但感到工作压抑，毫无乐趣可言，而且他越来越讨厌这份工作，甚至想到离开公司另谋出路。

大量研究表明，在职场中，至少有一半的人将精力花在与工作无关

的事情之上。如果你一天花这么多时间在一件不值得去做的事情之上，那么，工作对于你而言，将会变成一件痛苦的事情。就像案例中的小杜一样，或许，因为这样，还会危及你的大好前程。在这里，建议那些将精力花在不值得去做的事情上的人们，不要再耗费自己的生命了。

那么，在生活中，我们该如何避免“不值得”观念的产生呢？

1.不断补充知识

论语曰：“十五而上学，三十而立，四十不惑，五十知天命，六十而耳顺。”人生是一个不断学习、不断丰富的过程。随着年龄的增长，我们的知识以及能力也会有所提高。在知识的感知下，我们将越来越能正确分辨，哪些事情是值得去做的，哪些事情是不值得去做的。

2.换个角度思考问题

俗话说：“旁观者清，当局者迷。”有时候，我们自己置身其中，往往不能分辨出这件事到底值不值得做。这时候，我们应该换个角度思考问题，站在第三者的立场看问题，这样你就会多一些理解与包容，看问题会更全面、更周到。这样，你会对一些之前认为不值得的事情有一些改观。

3.善于听取别人的意见

哲人告诫我们：“多听，多看，多想，凡事三思而后行。”对于每一件事，每个人都有自己看不到、想不到的地方。为了避免一些人生错误，我们应该多听、多看、多想，多听听他人的意见，这样，我们才会对事情判断得更准确，避免过分值得或不值得现象的出现。

或许，是到了你该离开的时候了，离开这个不能让你振奋、给你新知

的地方吧，开始重新去寻找一些值得去做的事情，这样才能体现出你应有的价值。

只做自己最擅长的事

很多人之所以无法取得成功，很重要的一个原因，就是不知道自己最擅长的是什么。不了解自己的长处，又怎么能够取得成功呢？事实上，社会分工日益细化，而对人才的标准则是越来越专业化，越来越细化。有时候，即便是一个看似微不足道的行业，也大有一番学问，远不是那种略知一二就能驾驭的职业。所以，面对众多职业取舍的前提，必须是舍弃“百招全”，而选择“一招鲜”，只要你精通了技艺，一定能吃遍天。

莎士比亚曾说：“对自己要真实，如此，你就可以永远呈现出最美的面孔。”这就是说，你只有做自己感兴趣的工作，才能够有所进步，并达到事业的巅峰。否则，将逆水行舟，不进则退，最终难成辉煌。我们从一些成功人士的身上细细观察，就会发现他们的事业和自己的兴趣总是紧紧联系在一起。正是因为这一点，他们总能对工作怀着无限的热情和喜爱，并全力以赴地为之奋斗和付出。郎费罗说：“成功的奥秘没有别的，只不过是从事自己所爱的工作罢了。不论做什么，都要从自己的兴趣入手，这样才能让自己做得出类拔萃。”

奥托·瓦拉赫是诺贝尔化学奖获得者，他的成才经历极富传奇色彩。瓦拉赫在开始读中学时，父母为他选择的是一条文学之路，不料一个学期下来，老师为他写下了这样的评语：“瓦拉赫很用功，但过分拘泥，这样的人即使有高超的智慧，也绝不可能在文学上发挥出来。”父母亲尊重老

师的意见，让他改学油画。可瓦拉赫既不善于构图，又不会润色，对艺术的理解力也不强，成绩在班上是倒数第一，学校的评语更是令人难以接受："你是绘画艺术方面的不可造就之才。"面对如此"笨拙"的学生，绝大部分老师认为他已成才无望，只有化学老师认为瓦拉赫做事一丝不苟，具备做好化学实验应有的品格，建议他试学化学。父母又接受了化学老师的建议。这下，瓦拉赫智慧的火花一下被点着了。文学艺术的"不可造就之才"一下子变成了公认的化学方面的"前程远大的高才生"。在同类学生中，他遥遥领先……

瓦拉赫的成功，说明这样一个道理：每个人的智能发展都是不均衡的，都有智能的优点和弱点，人一旦找到自己智能的最佳点，使智能潜力得到充分的发挥，便可取得惊人的成绩。人们常称这一现象为"瓦拉赫效应"。成功的诀窍在于经营自己的长处，经营长处能使自己的人生增值，否则，必将使自己的人生贬值。

三百六十行，行行出状元。但一个人的"状元之才"之所以能够浮出水面，为世人称颂，是因为他发挥了自己的特长。每个人都有自己的长处，只要我们能够静下心来，认真去寻找，就一定能找到。我们的长处是帮助自己实现成功的最好工具。如果一个人对自己的长处了解不够，他将很难有所建树；反之，如果找到自己的长处，就能挖掘出自己无限的潜能，更容易取得成功。

军和东是一对形影不离的好朋友，军动手能力强，而东脑袋灵光。军平时很喜欢动手做事情，也非常擅长技术这一块的领域，喜欢钻研机械，喜欢修各种机器，不管是什么机械类的东西，到他手里都能修理得完好如初，简直是天生的机械师；而东则不喜欢动手，什么也不喜欢干，也不愿意干活，他擅长读书，而且记忆力超群。在高中毕业之后，东已经阅读了

数百本专业书籍。尽管两个人兴趣不同，但这并不妨碍他们成为好朋友，每当军在修理一些小东西的时候，东就会在旁边读喜欢的书籍。

两个人擅长的东西不一样，但对彼此都很敬佩。大学毕业后，军和东发挥各自的特长，后来都很成功。军发挥手巧的特长，后来成为一家公司的技术总监；东发挥心灵的特长，后来成为投资大师。

如果东选择了做技术，而军学做投资，那么他们可能都不会太成功。每个人都各有所长，成功的关键并不在于你有多少特长，而在于你能不能把你最擅长的技艺发挥到最高的水平。这就是"一招鲜，吃遍天"所直接体现出来的现象，职业也是一样的道理。事业的成功不在于你有多少种熟知的技艺，而在于你能不能把你最精通的技艺发挥到极致，这样你才能取得最后的成功。如果你仅仅是每一样技艺沾点边，那无疑很难取得成功，而一路上你也会走得异常艰难。

1.成功在于发挥自己的长处

成功者之所以成功，就在于发挥了自己的长处；失败者之所以失败，只因为他可能一生都在从事自己不擅长的事务，以致天赋全被埋没。人的兴趣、才能、素质是不同的，如果你不了解这一点，没有把自己的所长利用起来，你所从事的行业需要的素质和才能正是你所缺乏的，那么，你将会自我埋没。反之，如果你有自知之明，善于设计自己，从事你最擅长的工作，你就会获得成功。

2.只做擅长的事情

一个人做自己擅长的事，是获取成功的一件法宝。每个人在年轻的时候都会立大志，但不是每个人都能当科学家、发明家。培养一技之长，一步一步去累积自己的个人资源，才是成大事的必由之路。许多成就卓越的人士，他们的成功首先得益于他们充分了解自己的长处，根据自己的特长

来进行定位或重新定位，最终找准了真正属于自己的行业。

在《三国演义》里，吕布使的是方天画戟，关羽使的是青龙偃月刀，张飞使的是丈八蛇矛，赵云使的是一支长枪，典韦使的是两把短戟，他们都有自己的独门兵器，有着自身的一番功夫。一个人已经具备一定的天赋，并朝着自己既定的方向努力，全身心地投入，那他就一定会是一名成大事者，最终获得物质和精神上的双丰收。

进行有效的时间管理

最近很流行一句话：为什么生活了几十年，还是一无所获？你是否同时在进行几个方案，不过似乎无法全部完成；你是否因为顾虑其他的事情，而无法集中精力来做眼前的事；假如工作被突然中断，你是否感到非常生气；你是否每天回家时感到疲惫不堪，但好像并没有做什么事情；你是否觉得总没有时间运动或休息，甚至连随便玩玩都没有时间？如果针对这些问题，你的答案是肯定的，那么你的身上已浮现出时间管理不良的征兆。

生活中，我们还会遇到这样一些问题：你正在写计划，结果电话又响了，那些急事、请示的、投诉的、朋友聊天的等不得不接的电话缠住你，于是一上午过去了还没写几个字；领导最近安排了很多事情，一起堆着，这个方案本周之内完成，那个方案需要明天就出来，自己分身乏术。每天

都感觉好忙，这件事也急，那件事也急，到底先做哪件事呢？

张老师正在上一堂别有趣味的课，他先是把一个玻璃罐子放在桌子上，然后再把一些鹅卵石放进玻璃罐子。等到张老师把所有的鹅卵石放进罐子之后，他问台下的学生："你们仔细观察，这个罐子还能装东西吗?"学生们看了看装得满满的罐子，都摇头："不能了。"

这时张老师笑着从桌子底下拿出一袋小石子，沿着玻璃罐倒下去，全部倒完了，罐子看上去又满了，张老师问学生："你们觉得这个罐子还能装进去东西吗？"学生们有些不敢确认，一位学生小声回答："我觉得还能装进去一些东西。"张老师没说话，又拿出一袋沙子倒进玻璃罐，然后问："现在呢，还能装东西吗？"这时学生们似乎相信了，齐声回答："还能。"果然，张老师又拿出一瓶水，慢慢倒进玻璃罐子。

一个普通的玻璃罐子就这样装下了如此多的东西，但是，如果不是先把最大的鹅卵石放进罐子，或许以后永远没机会把它们放进去了。生活中很多事情，其实都可以像往这个玻璃罐里放东西那样，先进行时间级别的分类，按照事情的轻重缓急进行组合，确定先后顺序，做到不遗不漏。

时间"四象限"法是美国的管理学家科维提出的一个时间管理的理论，把工作按照重要和紧急两个不同的程度进行了划分，基本上可以分为四个"象限"：既紧急又重要（如客户投诉、即将到期的任务、财务危机等）、重要但不紧急（如建立人际关系、人员培训、制定防范措施等）、紧急但不重要（如电话铃声、不速之客、部门会议等)、既不紧急也不重要（如上网、闲谈、邮件、写博客等）。

然后按处理顺序划分：先是既紧急又重要的，接着是重要但不紧急的，再到紧急但不重要的，最后才是既不紧急也不重要的。"四象限"法的关键在于第二类和第三类的顺序问题，必须非常小心区分。另外，也要

注意划分好第一类和第三类事，都是紧急的，分别就在于前者能带来价值，实现某种重要目标，而后者不能。

1.第一象限是重要又急迫的事

这一部分事情是需要马上去做的，如应付难缠的客户、准时完成工作、住院开刀等。大部分人工作中的主要压力来自于第一象限，实际上第一象限80%的事务来自于第二象限（重要但不紧急）没有被处理好的事情。即这个压力是自己给自己的，所以关键是尽量多解决来自第二象限的事情，这样才会使压力得到缓解。许多重要的事情经过拖延或因事前准备不足，就会变得异常窘迫。

2.第二象限是重要但不紧急的事

这主要是与生活品质有关，包括长期的规划、问题的发掘与预防、参加培训、向上级提出问题处理的建议等事项。这些事情不能因为不紧急就不去解决它，应该第一时间将任务进行分解，然后逐一去解决，并制订时间表，在规定的时间内完成，这样就不会让第二象限的事情挤压到第一象限中去。如果忽略这部分事情，就会使自己陷入更大的压力。多投入一些时间会提高实践能力，缩小第一象限的范围。作好事前的规划、准备与预防措施，很多急迫的事情就不会产生。建议把80%的精力投入到这个象限的工作，使第一象限的“急”事无限变少，让自己不再瞎忙。

3.第三象限是紧急但不重要的事

电话、会议、突然来客都属于这一类。当自己感到疲惫的时候，可以通过一些不重要的且不紧急的事情来调整状态和身体，不过不要在这个象限中投入过多的精力，否则就是浪费生命。当我们变得非常繁忙的时候，需要去第四象限里休息一下，不过诸如阅读无聊小说、看毫无内容的电视节目、办公室聊天等，这样的休息是对身心的毁损，并非真正的休息。或

许刚开始有滋有味，但后来你会发现人比较空虚。

4.第四象限属于不紧急也不重要的事

这部分事情这一象限的事是我们忙碌且盲目的源头，最好的办法是放权交给其他人去做，或者通过委婉的拒绝以减少此类事情的发生。表面上看似乎会产生“这件事很重要”的错觉，实际上就算重要也是对别人而言。如果花很多时间在这里打转，自以为在第一象限，实际上不过是在满足别人的期望与标准。

时间管理其实就是管理自己，改变自己，改变那些固有的坏习惯，改变坏习惯的本质就是靠合理的规划和自我的意志力，不按照以前的生活继续下去。生活中的事情，大致可以分为轻重缓急，我们应按照时间作出合理分配。

坚持运动，改变身心状态

生命在于运动，运动让人们焕发出青春与活力，重显年轻的光彩。在现实生活中，不可否认，运动为我们的生活带来了生机与活力，展现着不一样的激情。随着生活节奏加快，来自生活工作的压力接踵而来，我们的身体开始发霉了，逐渐不再有往日的灵活。也许，有人会问：到底是什么造成了这样的状况?

其实，这就是缺乏运动的后果。运动可以给我们身体带来诸多益处：

它可以化解你心中的压力，大汗淋漓之后你已经忘记了超负荷的重担；它让你的身体得到锻炼，以延缓身体各个部分的衰老；它还可以无形之中增加你身体的抵抗力，让你免受疾病的干扰。总而言之，运动对身体是百利而无一害的。

实际上，适当健康的运动不仅带给我们健康的身体，还会影响到我们的心理。每个人的心理状况、精神状况和身体状况是三位一体的、不可分割的。医学家经过研究发现，运动能使人的身体发生一系列化学变化，使运动者的血液中产生一种能让人欢快的物质，即内啡肽，因而有人认为运动可以防治抑郁症。

运动对于我们的身体来说是至关重要的，但是我们在运动时应保持适量的运动。运动量过大，有损健康；如果运动量过小，则不足以达到锻炼的目的。因此，掌握适度的运动量，才有益于身心健康。另外，你所选择的应是健康向上、远离危险的运动，这样才能有效地达到运动预期的目的，使身体保持一个健康的状态。

1.选择“健康”运动

诸如赛车、攀岩等一系列危险性较大的运动，其实并不适合普通人，它们要求运动员足够专业，有最大限度的安全措施且运动员对此比较擅长，这样才有可能避免一些身体上的伤害。其实，如果并非嗜好此类运动，实在不建议一个普通人去选择这些危险的运动。运动的目的在于保持身体的健康，如果运动本身就有可能给身体带来很大的伤害，那么不如放弃这些挑战极限的运动。

2.日常运动

实际上，运动充斥着我们日常生活的每个角落。也许，有人认为运动必须是穿着运动装出门去作锻炼，其实这样的观念已经落后了。运动也不

一定非进健身房，它可以是任何时候的身体运动。在现代社会，一些经常性的适度运动可以增进健康，进而维持健康，消耗热量。比如，饭后散散步、溜冰、在家做做清洁、跳舞、爬楼梯等都算是运动。也许有人会问，“爬楼梯也算运动吗？”在高科技发达的今天，“爬楼梯”真的算是一项运动。现在，一般的住宅区都有了电梯，虽然这省去了不少麻烦，但一定程度上也减少了身体的运动量，有的人哪怕是住在三楼，他也会选择坐电梯而不是爬楼梯，所以，爬楼梯也是一项运动。

3.只要有运动的决心，时间会有的

其实，只要是健康的运动，都能对自己的身体起到一个维持健康的作用。如果你想达到防病保健的作用，那就要保证每天所做的运动消耗150卡热量，最好是让运动成为你生活的一部分。有的人抱怨“工作太忙了，哪有时间运动”，实际上，只要你有运动的决心，时间会有的。坐公交车的时候，提前两站下车，走两站的路程；晚上下班了回家，爬楼梯代替坐电梯；上班坐久了可以伸伸懒腰，走动一下；在家边看电视边做运动或者趁着广告的时间做运动；带小孩出去郊游、逛街。当然，选择运动的时候，要舍弃那些不“健康”的运动，养成运动的良好习惯，使自己的身体保持健康的状态。

当然，我们这里所说的运动只是适当的运动，而且是健康的运动。如果你没有控制好运动量，或选择了危险、不健康的运动，那么运动只会适得其反。所以，为了保持自己的身体健康，不要懒惰，保持运动的良好习惯，而且要懂得选择一些健康的运动。

生活太浮躁，不妨每天坚持阅读

读书为我们的人生开启了探究过去、现在、未来奥秘的大门；读书引发高雅的谈话，可以培养高尚情感以及思维的深度；读书可以促使我们关注生活，重视生命意义。假如你不爱读书，那就需要激发读书的兴趣。可以说，兴趣是最好的老师，我们每天愿意花两个小时看电视，却不愿意花30分钟看书，这就是我们现在的读书状态。

对许多人而言，喜欢读书、学习阅读是一种缓慢、困难的过程，不过，只要我们每天坚持读书30分钟，时间长了，就会成为习惯，习惯久了，就会成为一种自然，那么读书就会成为我们生活中的一部分。

有人说："杰奎琳的第一个魅力是深不可测的智慧美。"熟悉杰奎琳的人，都会了解她与书不得不说的故事。可以说，杰奎琳是一个非常喜欢阅读的人，她对书的痴迷程度，令普通人难以想象。不信，你可以看看其丈夫肯尼迪的评价："简直没办法理解她为什么如此喜欢看书。"

杰奎琳简直可以说是博览群书，她喜欢看任何类型的书，而且总是保持认真的状态，特别偏爱诗集、历史书籍或关于艺术的书籍。随着岁月的增长，以及地位的升高，杰奎琳更加认真地阅读，似乎只有通过这样的方式才能提升自己，以匹配她所处的位置。因为热爱阅读且卓有智慧，即便她离开白宫之后，依然是人们谈论的对象。她变得越来越优秀，成为一位最具影响力的女人。

如果你去过杰奎琳的家，就可以感受到她对书籍的热爱。她的公寓和别墅里几乎装满了各种书籍，甚至连桌面、桌子下、沙发和椅子上都堆满了书，这个家简直可以媲美图书馆。杰奎琳认为，书和学习可以铸就一个传奇的女人。所以，她经常对朋友希拉里说，"做一个读很多很多书的

女人。”

莱因霍尔德曾这样说：“杰奎琳在社会学和神学上表现出的智慧感动了我，我被杰奎琳感动以后，便下决心支持她的丈夫。”戴高乐在见识到杰奎琳的智慧之后，这样说道：“杰奎琳女士对法国历史的了解程度远远超过了法国本土的妇女们，她并不介入政治，但又给自己的丈夫赋予艺术和文学支持者的名声，自从认识杰奎琳以后，我对美国更加信任了。”

杰奎琳非凡的智慧当然应该归功于她的终生学习，即使在自己地位和名声提升的时候，她也没有放弃读书，而且变得更加刻苦地学习，并通过学习来提升自己的文化修养，只能说，她不愧于第一总统夫人这一名号。

4月23日是西班牙作家塞万提斯和英国作家莎士比亚的辞世纪念日。1995年，联合国教科文组织将这一天宣布为“世界读书日”。书是人类文明的主要承载者，是积累了人类无穷智慧和想象力的传承媒体，给予了人们众多情感的交集。一个不读书的人，目光是短浅的，精神世界是空虚的，甚至心灵也会扭曲变形，以至于善恶不分，就好像一个不完整的人浑浑噩噩过日子，自己却觉得潇潇洒洒，实际上是虚度了年华，荒废了自我。

即便时间紧张，确实没有多余的时间用来读书和看书，也要发扬坚持到底的精神。确定每天坚持读书或看书的时间，即便是10分钟也要坚持；规定每天必须读书或看书多少页，即便是每天坚持读书或看书10页。读书可以拓宽视野，丰富知识，增长才干，还可以净化心灵，陶冶情操，充实自己的精神世界。

1.从读书中感受乐趣

有的学生可能会说：“我从早到晚不都在读书吗？”如果我说：“你现在所读的书，如果不考试，你还会读吗？”你会怎么回答我呢？如果答

案是否定的，那么说明你还没有养成读书的习惯。有的老师可能会说："我已经读了太多的书，我的知识储备已经足够把我的工作做好了。"如果我说："面对日新月异的时代，面对不断变化的一届又一届新学生，你有没有过捉襟见肘的困窘？"如果答案是肯定的，那么说明你还没有从读书的习惯中得到生存甚至生活的乐趣。

2.每天坚持读书30分钟

我们要想丰富自己的知识底蕴，就要培养每天读书和看书的良好习惯。根据自己的年龄特点和学业任务的轻重，确定每天读书和看书的具体时间。通常情况下，早上起床洗漱后比较适合诵读，诵读时间在30分钟以内，上午、下午或晚间坚持看书，时间也是以30分钟为宜，晚间也不可以超过60分钟。

我们一定要督促自己坚持下去，直到自己觉得每天不读书、不看书就不习惯为止，以此培养自己认真读书和看书的习惯。阅读，不仅能扩展我们现在的空间，还能给我们指明未来的方向。

参考文献

[1]杨慧玲.不抱怨的人生[M].重庆：重庆出版社，2011.

[2]刘水发，水君.不抱怨的世界：爱上生命中的不完美[M].长春：吉林出版集团有限责任公司，2013.

[3]威尔・鲍温.不抱怨的世界[M].长沙：湖南文艺出版社，2016.

[4]崔万志.不抱怨，靠自己[M].厦门：鹭江出版社，2016.

[5]乔迦.不抱怨 不抱歉[M].北京：北京联合出版公司，2017.